JN143588

HANDBOOK OF CHARCOAL MAKING

炭やき教本

簡単窯から本格窯まで

杉浦銀治　広若 剛　高橋泰子　監修

恩方一村逸品研究所 編

創森社

推薦のことば

炭やきの会・日本木炭新用途協議会名誉会長　岸本定吉

現代の炭やきには、大別して三つの炭のやき方があります。一つは山でやく伝統的な炭やき法、つぎは町の炭化工場などで炭をやく方法、もう一つは市民や地域住民による趣味的、文化的炭やきです。

山でやく炭は黒炭（くろずみ）と白炭（しろずみ）。長い年月の間、それぞれの地域に適し、地域に生える樹木に適した炭窯（すみがま）をこしらえ、良質の黒炭、白炭を生産してきたのです。そのため、炭窯には各種のスタイルがあり、いろいろな名称がつけられております。炭窯の要諦である排煙口や煙道の位置、形、大きさなどに多少の差があるとはいえ、炭材を入れ、一定条件のもとで炭化させるという根本のところは大きく変わっておりません。

ところで、このたび恩方一村逸品研究所が杉浦銀治、広若剛、高橋泰子のお三方のご協力を得ながら、これまでの恩方手づくり村における炭やき塾開催の成果を踏まえ、炭やきのテキスト本をまとめられました。

普遍性のある標準的な黒炭窯、白炭窯、さらにモデル黒炭窯、縦型ドラム缶窯、伏せやきなどの窯の仕組み、つくり方から炭のやき方までを詳しく紹介しています。「炭やきを農山村の重要な産業の一つにしていく必要がある」というのが私の持論です。本書が林業関係者はもとより、環境保全にかかわる地域住民、市民グループの方々に大いに活用されることを願い、発刊に寄せるご挨拶といたします。

炭やきの有用性を発信～序に代えて～

いま、炭がさまざまな側面から見直され、脚光を浴びています。

現在、炭は焼き鳥、ウナギの蒲焼き、バーベキューなどの料理の燃料用をはじめ、水質浄化、緑化などの環境保全や農林水産業や工業の分野でも活用されるようになりました。また、炭やきの副産物である木酢液（もくさくえき）についても、広く応用利用されるようになってきました。

炭やきにはいろいろな魅力があります。自然のなかで汗を流しながら作業をする楽しさ、できた炭を使って料理を楽しんだり、その特性を生かして浄水や脱臭、家庭菜園に利用したりすることもできます。また、材料となる木材には、間伐材や打ち払った枝などが利用できることから、里山・雑木林の環境整備、自然保護、再生、循環にもひと役買うことができるのです。

＊

恩方（おんがた）一村逸品研究所は、かつては炭やきの里として栄えた東京都八王子市恩方地域に「残された豊かな森林資源を壊すことなく、人と自然が共生できるオアシスにしたい」という思いから恩方手づくり村をスタートさせました。そして、かつてここで盛んに行われていた炭やきを復活させたいと、一九九七年から炭やき塾を開講したのです。

恩方で行われていた炭やきは、技を磨いた職人によるものでしたが、化石燃料の台頭による工ネルギー革命により、その伝統は途絶えてしまいました。その後の日本の炭は、炭化工場などで工業的に大量生産されたものに次第に移ってきましたが、いま最も盛り上が

っているのは、エコロジー＆リサイクルの考えのもとに市民の手で行われている小規模な炭やきです。

これまでの市民による炭やきは、ドラム缶窯を利用したり、昔ながらの穴やき、伏せやきといった方法が主流でした。私たちは今回、炭やきの会副会長で多摩炭やきの会「炭やき塾」の名誉塾長である杉浦銀治氏をはじめとする関係各位の指導のもと、わりあいに取り組みやすい標準黒炭窯、白炭窯を見直し、窯のつくり方、炭のやき方をわかりやすく紹介することにしました。

さらに私たちは本格的な炭やきを体験できるモデル黒炭窯を恩方一村逸品研究所の恩方手づくり村の中に設置しました。これは、耐火レンガやセメントを用いてつくる耐火構造の窯なので、読者の皆さんの町や村にもつくることができます。このデモンストレーション効果の高い窯づくりのプロセスも詳しく紹介していますので、里山や公園、校庭などに設置する場合、ぜひ参考にしてください。

*

今回は、島根県の高橋泰子さん（緑と水の連絡会議代表）をはじめとする市民団体、生協しまね大田支所環境委員会の女性陣が中心となって開発し、現在も広く西日本で利用されている手軽な縦型ドラム缶窯をつくって炭をやく方法も詳しく紹介しました。また、横型ドラム缶窯、伏せやき・穴やき法や林試式移動窯で炭をやく方法も解説しました。

本書の姉妹版ともいえる『【アウトドア術】エコロジー炭やき指南』（岸本定吉・杉浦銀治・鶴見武道監修、創森社）には、横型ドラム缶窯をつくって炭をやく方法などが詳しく解説されていますので、併せて炭やきの手引書、マニュアル本として生かしてくださ

い。また、本書の第2章2の「モデル黒炭窯づくり」は、ビデオ『だれにでもできる炭やき入門』(杉浦銀治監修、紀伊國屋書店)などを参考にまとめていますので、併せて活用することをおすすめいたします。

世界で最も優れた技術と品質を誇る日本の炭やきは、これからも世界に広まって、森林資源の保護や環境保全に役立つ大きな可能性を秘めています。本書との出会いをきっかけに、環境問題に関心のある方、地域おこしのグループ、環境教育に力を入れたい教育関係者など、炭やきの楽しさを一人でも多くの方々に知っていただければ幸いです。

*

恩方手づくり村では、モデル黒炭窯、白炭窯、ドラム缶窯、伏せやき窯、林試式移動窯などを常設してあるので、定期的に「炭やき塾」を開講することはもとより、地域内外に炭と炭やきの技術や有用性を発信し続けていくつもりです。

本書をまとめるにあたり、推薦のことばをお寄せいただいた炭やきの会・日本木炭新用途協議会名誉会長の岸本定吉氏、多大なるご協力をいただいた監修の杉浦銀治氏、国際炭やき協力会事務局長で多摩炭やきの会「炭やき塾」の塾長である広若剛氏、緑と水の連絡会議代表の高橋泰子氏、さらにご協力いただいた各方面の方々に、この場を借りてお礼申し上げたいと思います。

一九九八年十月

恩方一村逸品研究所代表　尾崎　正道

復刊にあたって

伝承技術によってやかれる日本の炭は、世界に誇る優良炭。日本ほど炭の種類が多く、炭そのものはもとより、木竹酢液（もくちくさくえき）、灰などまで多くの用途に使っている国はほかに見あたりません。実際に本書でも紹介しているとおり、生活環境資材用、住宅環境資材用、さらに農林・緑化・園芸用、水処理用、畜産用など多くの分野に生かされています。

一時期の炭やきムーブメントのような社会現象は一段落しましたが、だからこそ地道に炭と炭やきの価値、有用性を発信し、地域振興をはかると同時に農山村の欠かせない産業の一つにしていく必要があります。そのために恩方一村逸品研究所では、東京の奥座敷ともいえる八王子市恩方の醍醐地区にまさに野外の炭やき窯ミュージアムのごとく黒炭窯、白炭窯、ドラム缶窯、伏せやき窯、オリジナル窯などを常設。ここで一九九七年より断続的に炭やき塾を開催し、延べ一〇〇〇名余りの卒塾生を送り出しています。

さて、一九九七年発刊の『炭やき教本～簡単窯から本格窯まで～』は好評裡に版を重ねてきましたが、ここ数年、あいにくの品切れ状態が続いていました。関係各方面から入手などに関する問い合わせが多いこともあり、ここに改装、本文の一部改訂というかたちで復刊させていただくしだいです。本書が引き続き、炭やきを基礎から理解するための定番の手引書、バイブル本として、みなさんのお役に立つことができれば幸いです。

二〇一九年一月

恩方一村逸品研究所（代表・炭焼三太郎こと尾崎正道）

●炭やき教本～簡単窯から本格窯まで～／目次

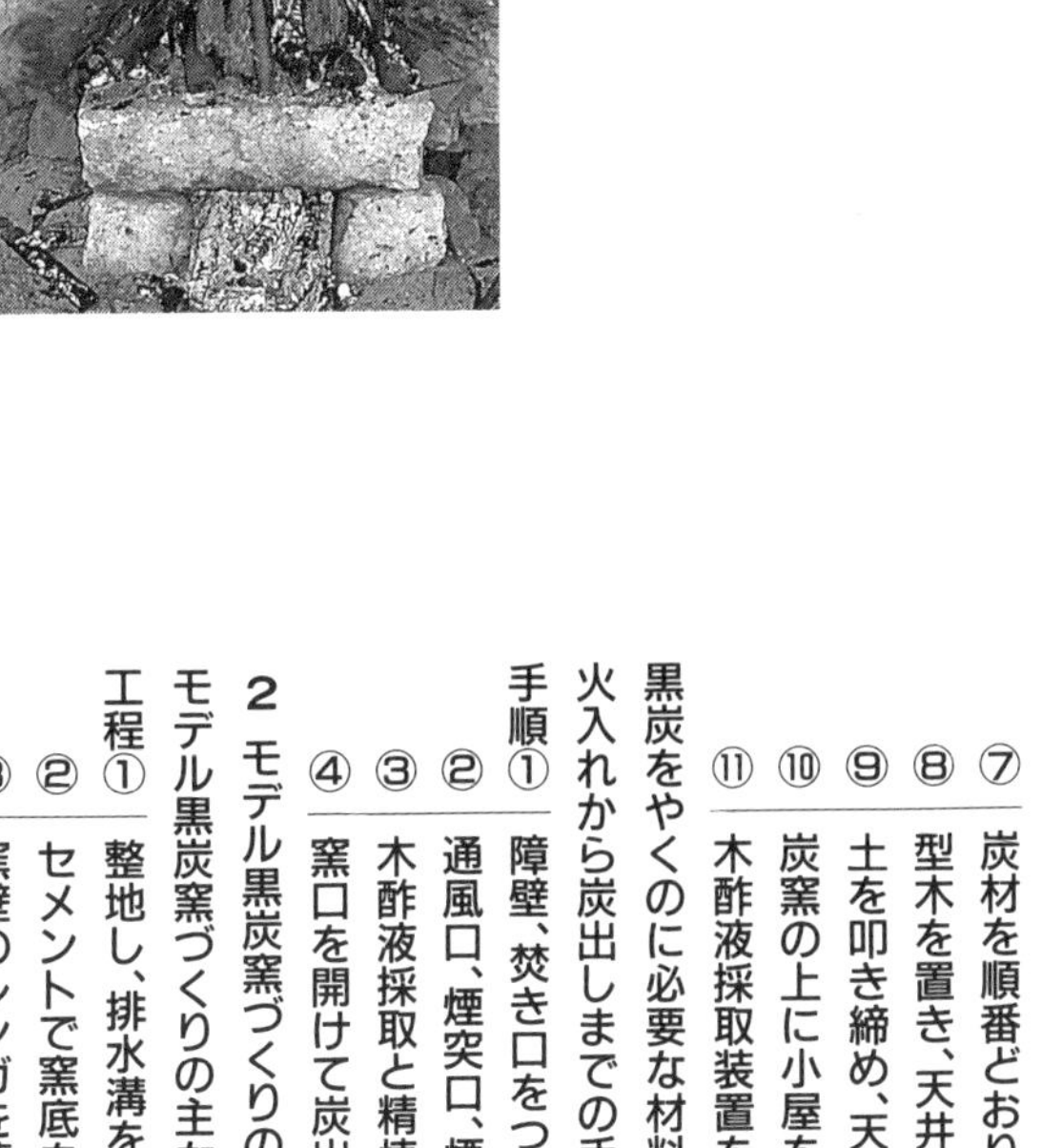

第3章 高温の白炭窯をつくって炭をやく――85

第4章 ドラム缶窯などをつくって炭をやく

炭・木酢液インフォメーション――157

恩方手づくり村(東京都八王子市)

●

デザイン——ビレッジ・ハウス
イラストレーション——楢　喜八
編集協力——三好かやの
川島佐登子
岩谷　徹
多摩炭やきの会
国際炭やき協力会
緑と水の連絡会議
全国燃料協会
日本木炭新用途協議会
紀伊國屋書店映像情報部

本書は1998年に発刊した内容を一部
改訂し、改装して復刊したものです

第1章

スミにおけない炭と炭やきの効用

かたい炭質の備長炭（白炭）

●炭の成分と構造・特性

●炭の成分

炭（木炭）とは、木材を蒸しやきにして炭化させたものである。燃料としては、火もちがよく、火力調節も可能という性質を持っている。

炭の成分は炭材となる樹種ややき方によって異なるが、固定炭素六五～八五％、さらに揮発分、水分、灰分（無機成分）で組成されている。

ちなみに四〇〇℃前後で炭化した炭は、大多数がpH（ピーエッチ）八～八・五前後のアルカリ性。これは二～三％の成分である灰分にカルシウム、カリウムなどのアルカリ成分が多く含まれているためである。灰分は樹木が生長するために必要な成分。アルカリ成分のほかにヒ素、セレンなどの微量成分もバランスよく含んでいる。

土壌に施用すると微量無機成分を補給するはたらきをしたり、燃焼時の反応の速度をコントロールする触媒となったりする。

炭質も樹種ややき方によって異なるが、かたい木からはかたい炭、やわらかい木からはやわらかい炭ができるといったように、元の木の性質をそのまま受け継いでいる。

●多孔質な組織構造

木材から炭になることで、形状は約三分の一に減ってしまうが、木材そのものの組織構造は変わらない。

元の木材の組織がそのまま収縮する形で炭化されるのだ。

木炭の組織は、縦にも横にも通じる微細なパイプの集合体。電子顕微鏡で見ると、無数の穴が開いているのがわかる。

そのパイプの口径は、ミクロン（一〇〇万分の一m）単位からオングストローム（一〇〇億分の一m）単位まで多種多様だが、いずれも外界につながっている。

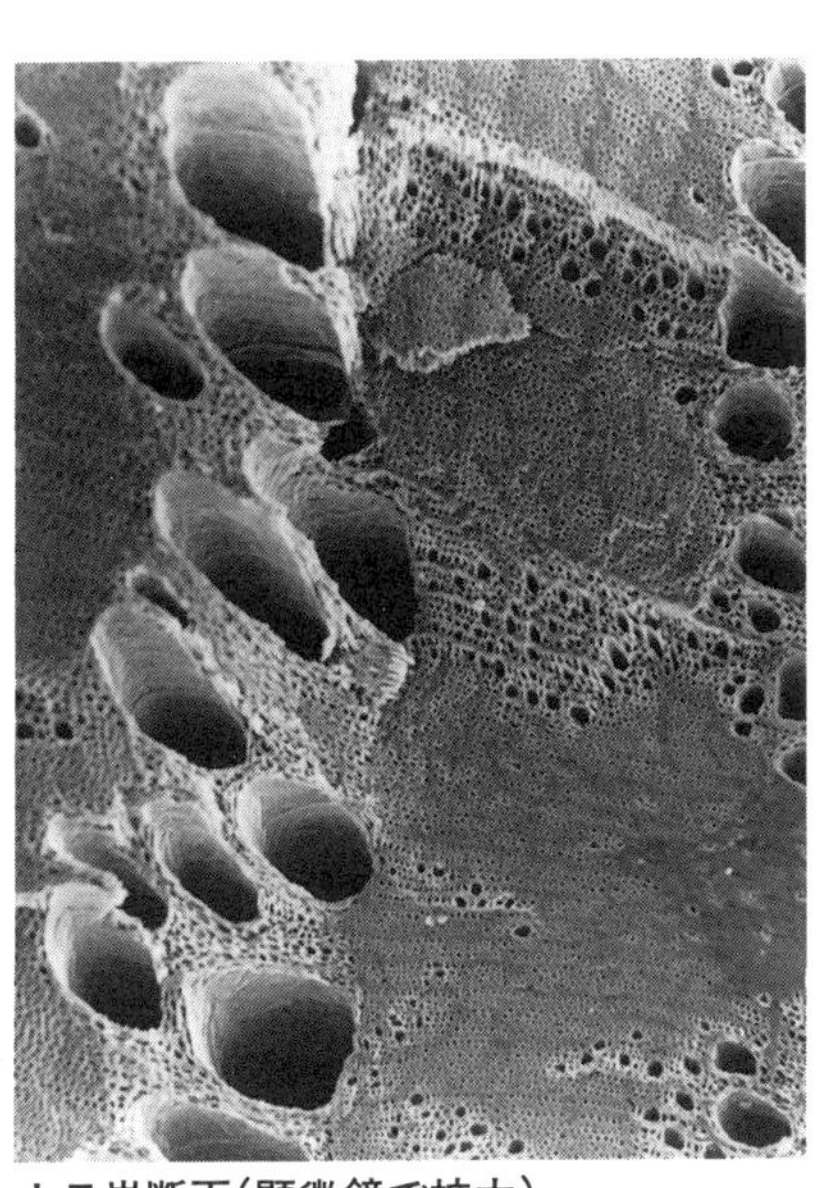
ナラ炭断面（顕微鏡で拡大）

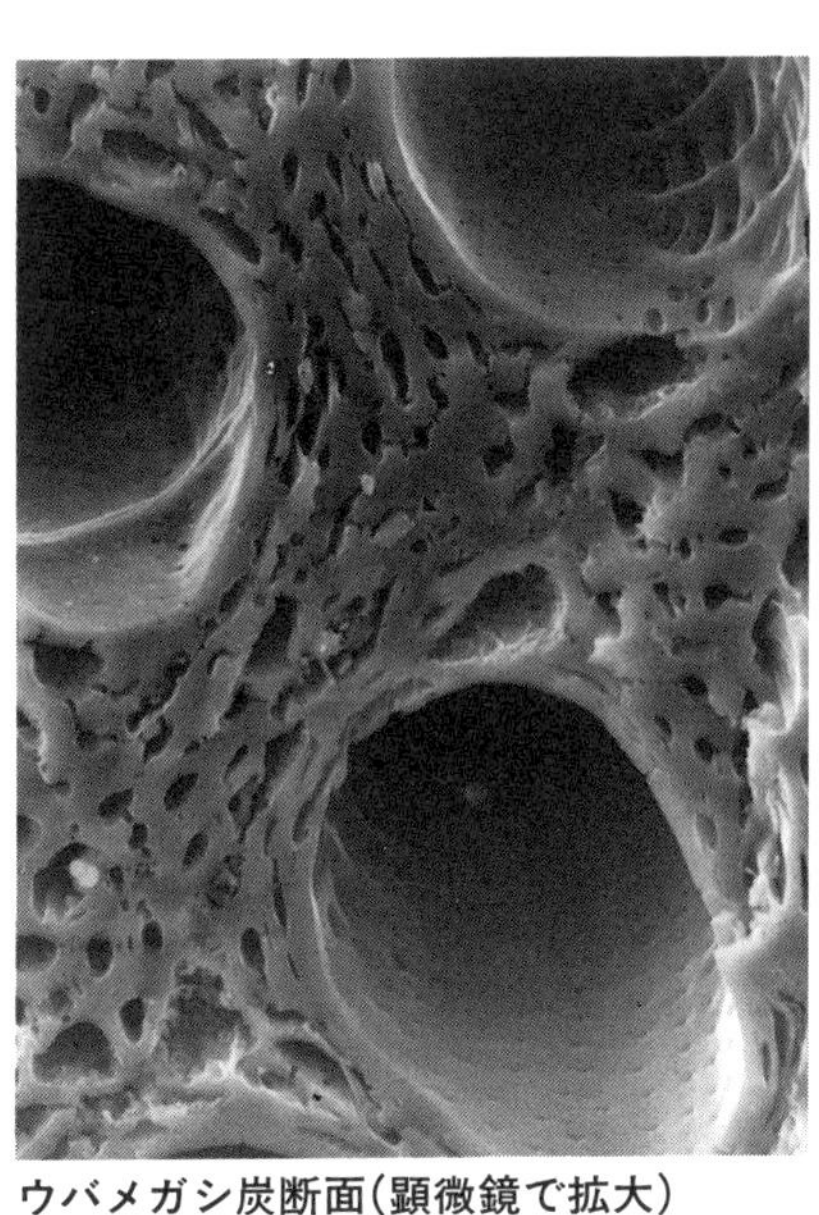
ウバメガシ炭断面（顕微鏡で拡大）

●吸着性抜群の特性

このように木炭は多孔質の微細構造（小さな穴が無数に開いている）をしているので、これを広げた場合の単位面積は、たった一g当たりで、約二五〇㎡（畳一五〇畳分）にもなる。しかも穴の内部表面はガラス板のように平板で滑らかではなく、微量な化学成分が引っかかりやすい構造になっている。

このような構造から、木炭は微量成分を吸着すると同時に、微生物が着生しやすくなっていることが特筆できる。大きい穴には糸状菌、小さい穴には放線菌、穴の隙間にはバクテリア類などが着生する。

これが、木炭が吸着性、保水性、透水性、通気性など、目的に応じてさまざまな優れた特性を有するゆえんである。

特性のなかで知られているのが吸着性。液体や気体にたいする吸着性がよいということで、においを除去したり、湿気を取ったり、脱色したりするのに使われている。

●炭の種類と特徴・用途

●炭の種類

木炭は、その炭材の樹種、炭化法の違いによって炭質が異なっている。産地、原材料、炭化法などの違いによって、さまざまな分類法があるが、その種類は、主に白炭（しろずみ）、黒炭（くろずみ）、オガ炭、平炉炭、乾留炭に大別されている。

白炭は約一〇〇〇℃で熱処理され、均一に炭化されたもの。黒炭は四〇〇～七〇〇℃の範囲で熱処理される。白炭はかたく均一に炭化され、黒炭はやわらかく、炭質は部分的にバラつきがある。

●白炭の特徴と用途

白炭は耐火性の強い石窯（いしがま）で、初め低温、あとから精煉操作を行い、高温にして熱したのち、窯の外に出して消し粉（けこ）（湿気を含んだ灰）をかけて消火してつくる。カシ、ナラなどの木材がよく使われる。

外側は灰白色をしていて、切断面には貝殻の内側のような光沢がある。打ち合わせると「キーン」とかたく澄んだ音がする。

炭質はかたくて着火しにくく、燃焼もゆるやかで火もちがよいのが特徴。一定の熱を長時間供給し、煙や炎が少ない。また、近赤外線を大量に発生させるので、ウナギの蒲焼き、焼き鳥、バーベキューなど、調理用の炭としても重宝されている。

なかでも、和歌山県南部で古くからつくられてきた紀州備長炭（びんちょうたん）（ウバメガシ、アラカシ）は備長窯により製炭され、燃料用や水の浄化用にも使われる。高知県の土佐備長炭（ウバメガシ）や宮崎県の日向木炭（ひゅうが）（アラカシ）は、大型窯を使ってやく。秋田白炭（ナラ）は吉田窯を使い、主に燃料用として使われている。

●黒炭の特徴と用途

黒炭は炭材を炭窯内で炭化したのち、密閉消火し、冷却してから出炭したもの。炭材にはナラ、

紀州備長炭（白炭＝左）とナラ炭（黒炭）の表面

カシ、マツ、クヌギなどのほか、カエデ類、ブナなどが用いられる。

炭質はやわらかく、点火しやすいのが特徴。燃え方も早く、容易に高い燃焼温度が得られる。世界の炭のほとんどが、この黒炭の仲間である。

大阪府北部が産地の池田炭は、クヌギを炭材とし、茶道用の炭として人気が高い。さらに、ミズナラを使った岩手木炭なども有名。

●竹炭の特徴と用途

竹炭は木炭同様、炭窯や最新式の炭化炉でもやかれている。窯の操作によって同じ炭窯でも低温（四〇〇℃）、中温（六〇〇〜七〇〇℃）、高温（一〇〇〇℃以上）と、用途に応じてやき分けることができる。炭材として、モウソウチク、マダケ、ハチク、ネマガリダケなどが用いられる。

竹炭は炭のなかでも多孔質でかたく、表面積は一g当たり七〇〇〜八〇〇㎡と広い。とくに一〇〇〇℃の高温で炭化したものの吸着力は、備長炭の約一〇倍のものもある。この特性を生かして、消臭、調湿、土壌改良材などにも利用される。

●炭やきのタイプいろいろ

●山でやく炭やき

山から伐り出した樹木を炭材とし、山の土、石で築いた炭窯で炭をやく。昔から山村で行われてきた、伝統的な炭やきの方法である。大きく分けて黒炭と白炭がやかれている。

黒炭は、四〇〇～七〇〇℃でやき上げられる。良質の炭を得るためには、ゆっくり時間をかけて炭化させる必要があるので、窯を密閉、冷却させて消火する「窯内消火法」が用いられている。

それにたいし、白炭は約一〇〇〇℃と高温でやき上げられる。窯の中で赤く熱した木炭をそのまま外へかき出し、窯庭に引き出して消し粉をかける「窯外消火法」と呼ばれる手法で仕上げられるのが特徴だ。

●町でやく炭やき

山では樹木を炭材とするのにたいして、町では木材加工所から出る廃材（鋸屑、樹皮屑、チップ屑等）、建築廃材、解体材等を原料として、大型の炭化炉で炭をやく工場生産方式の炭やきが行われている。なかでも、オガライト（鋸屑を圧縮成型した薪）を炭化させてつくる「オガ炭」は、炭質が優れ需要も多い。

大量の炭を安価で生産できるが、原料に木材以外の夾雑物が混ざることがある。木材防腐剤に使用される水銀、ヒ素などの有害物質を含む場合もあるので、やく前にそれらを選別、除去する必要がある。

●市民の手による炭やき

環境保護活動を続ける市民団体が各地で炭やきを行っている。街路樹や公園の剪定材、木質系ゴミ、板切れなどの廃材をブロックやドラム缶でつくった手軽な窯でやいている。できた炭は河川浄化、防臭、調湿材として活用するほか、木酢液を採取して利用している団体もある。

炭化法・炭化炉の種類と特徴

炭化法	炭火炉の種類と特徴
無蓋製炭法	枝条材の炭化法。平地または小さな穴を掘った場所に枝条を積み重ねて火をつけ、次々に枝条をかぶせて不完全燃焼させ、最後に土をかぶせるか、水で消火する方法
坑内製炭法	土中に穴を掘り、炭材を充填し、枝条、草、籾殻などで覆い、煙突をつけ、下部から点火して炭化する方法
伏せやき法	平地、あるいは土中に20～30cmの長方形の穴を掘り、その上に炭材を積み、上部を草、土などで覆い、点火し炭化する方法。点火する箇所の反対側に煙突をつけ通風を促す。欧米のマイラー法は同様な炭化法
炭窯製炭法	それぞれ粘土、石を基本材料として築窯した黒炭窯、白炭窯で製炭する方法
平炉製炭法	平坦なコンクリートの上にオガ屑、チップ、樹皮などを堆積し、点火して炭化する方法。コンクリート床の下に通風孔を設け、床の端に煙突を設置して通風を促し、排煙する。燃え上がりつつある火に原料をかぶせながら炭化する。
機械炉による方法	ロータリーキルン、ランビオッテ炭化炉、揺動式炭化炉などによる方法
簡易炭化法	移動式炭化炉、組立式炭化炉、ドラム缶炭化炉などによる方法

注：『炭・木竹酢液の用語事典』（谷田貝光克監修・木質炭化学会編、創森社）より

白炭の案下窯。窯出しをするのは尾崎忠雄（東京都八王子市上恩方町）

●木材の炭化プロセスと煙の色

●木材の化学成分

木炭を拡大して見ると、無数に小さな穴が開いているのがわかる。これは原木の中の導管や放射組織がそのままの形で縮小して残っているから。木材成分が一様に炭化して黒色になるのだ。

木材の主要成分はセルロース、ヘミセルロース、リグニン。この三つが約九五%を占めている。そのほかにタンニンなどの微量成分を含んでいる。これは樹種によって異なるので、木炭の性質にも違いがあらわれる。一般にクヌギ、カシ、ヤマモモ、マングローブなどタンニンを多く含む木材は、かたい炭になる。

セルロースとヘミセルロースのセルロース類が炭になるとホロセルロース炭、リグニンはリグニン炭になる。

●煙の色と温度の目安

一度窯口を閉じてしまうと、中の様子はわからない。そこで、煙突口から立ち昇る煙の温度や色、においが炭化の進み具合を知るための重要な手がかりになる。

炭やきが始まると、最初に湿っぽい水蒸気の煙が立ち昇る。煙の温度が約八〇℃ぐらいになると白色に薄い黄褐色の煙が混じり、つんと鼻をつく刺激臭がする。これを炭やきことばで「きわだ煙」と呼ぶ。これは炭材の熱分解が始まったことを示していて、その後は燃材は使わず、木の熱分解だけで炭化が進行する。

ヘミセルロース、セルロース（熱分解温度二〇〇～三〇〇℃）が分解するときは白色の煙、リグニン（熱分解温度三〇〇～四五〇℃）が分解するときは青色の煙が出る。

炭化が進むにつれ、煙の色は白色から青白に変わる。やがてタバコの煙のような紺青色になり、最後に無色透明になると、炭化は終了する。

〔炭窯の煙の色と温度（煙道口より10cm以下）〕

炭やきことば	煙の色	煙道口の棒に付着する凝縮物	煙道口温度	窯内温度（天井下約10cm）	備考
湿煙（水煙）	濃白淡褐色	水滴	80～82（℃）	320～350（℃）	着火温度
きわだ煙	灰白褐色	褐色液	82～85	350～380	煙たなびき、刺激臭強い
〃	〃	茶やに液	90～100	380～400	液黒変、粘性増す
本きわだ	帯白褐色	やに糸状になる	100～150	400～430	液粘性増し、糸を引く、煙道口付近、煙うすくなる
〃	〃	やに糸太くなる	150～170	430～450	凝縮物、粒状になる
白煙	淡白色	付着物豆状になる	180～230	450～500	刺激臭、弱くなる
白青煙	帯白青色	〃	230～250	500～530	凝縮物、含み始める
青煙	淡青色		260～300	540～570	精煉開始期
あさぎ	紺青色	豆飛び	330～350	600～680	凝縮物、くだけやすくなる
煙切り	無色	灰色を呈す	360～380	700～800	凝縮物、灰化する

注）①（　　）の中は長野地方の方言である

②煙の色の変化は、炭窯、ドラム缶窯、石油カン窯、その他の炭窯も同様である

③標準木酢液は、きわだ煙、本きわだ煙から回収する

④測定者は長野県の遠山義一

⑤出典；岸本定吉著『木炭の博物誌』（総合科学出版）

○里山・雑木林と炭材との関係

●森づくりの一環としての炭やき

「環境に優しい木炭」をやくのだから、炭やきも環境にこだわりたい。そこで一番考えなければならないのは、炭材をどう確保するかということ。

正統派としては、コナラ、クヌギなどの雑木林を萌芽更新（切り株などから芽が出て生長すること）させながら計画的に伐り出し、林床に光を入れて植生を豊かにしていく、いわば森づくりの一環としての炭やきに取り組みたいところだ。

この場合、理解のある山主さんを見つけ、自分たちの事情をよく説明し、里山の復元と炭やきをセットにして進めていくのがベストである。

最近は手入れされていない、笹におおわれた雑木林が多いので、炭材を伐り出す前に笹を刈り払ったり、倒木を除去したりという作業が必要になる。しかし、それらをきちんとやり遂げることで山主さんとの信頼関係も生まれてくる。だから炭材の確保を焦らずに、炭材は森づくりの作業の副産物というくらいに構えて取り組みたいものだ。

ただし、枝を広げた広葉樹の伐採は危険が伴うので、くれぐれも慎重に。また、伐り出すときにはチェーンソーを使うことになるので、自治体主催の講習会などは受けておいたほうがよい。

●間伐材や竹を炭材にする

スギやヒノキなどを間伐して炭材として利用するのも健全な森づくりに大きく役立つ。針葉樹は広葉樹よりもラクに伐採できるので、ここから始めるのもよい。

また現在、間伐材は市場に出してもコスト割れしてしまうので、伐採後林内に放置されていることが多い。それらを許可を得たうえで炭材の長さに切って運び出すのも一つの方法である。

同じように、人手が足りなくなり、林内が真っ暗になってしまっている竹林も同じように伐採し

雑木林をボランティアで手入れし、炭材を確保

て利用したいもの。竹は倒す方向に注意しさえすればかなりラクに伐採できるし、チェーンソーもいらない。もちろん承諾をきちんと得て、近所の迷惑にならないように作業を進めていこう。

●廃材を集めてリサイクル

以上は雑木林などの整備をしながら炭材を確保しようというものだが、あなたたちが継続的に炭やきをしていることが徐々に知れ渡っていけば、造園業者や廃材の扱いに困っている自治体などから相談を受けることも出てくる。

この場合、おおむねまとまった量の廃材が出てくるので、処理方法に自信があれば、広い貯蔵場所を確保し、炭材をストックしておくのも一つの方法である。ただ、大きすぎたり小さすぎたりして炭材として使いにくいものは受け取れないことをあらかじめ先方に伝えておいたほうがよい。

いったん炭窯ができたあとは、炭材を確保し、一定の大きさにそろえる作業が大半になるが、その地味な作業にやりがいが持てるようにくふうして始めたいものだ。

●炭やきの発祥と移り変わり

●人類と炭との出会い

人類が火を使い始めたのは、いまからおよそ四〇万年前といわれている。さらに、日本の古代遺跡から発見された木炭は、一万年ほど前、縄文時代のものがほとんど。このころすでに日常生活に炭が取り入れられていたと考えられる。

また、古代に盛んにタタラ製鉄の行われた中国山地周辺では、製鉄遺跡と同時に、炭窯の跡も残されている。

炭窯を築いて炭をやく方法は、中国から仏教とともに渡来したものと思われる。空海が修行した中国の杭州（浙江省）は、中国の代表的な白炭産地だった。八世紀半ば、奈良・東大寺で行われた大仏の鋳造には、なんと約八〇〇tもの木炭が使われたといわれている。

●炭の需要が増加したのは中世〜近世

鎌倉時代に入り、刀剣や甲冑など武具の生産が盛んになると、鉄の需要がふえ、鉄の精煉に欠かせない黒炭の生産技術が発達した。それと並行して、庶民の生活でも木炭の需要が増加していった。この時代に、黒炭生産用の相模大窯が考案され、炭の取引市場である「炭座」がつくられ、「鎌倉七座」の一つとして名を連ねた。

室町時代には、禅宗とともに茶道が伝えられ、茶道用の黒炭の改良が進んだ。桃山時代には、千利休によって茶道用の木炭が開発されている。

江戸時代に入ると、各藩の財政を支える資金源として、炭やきはますます奨励されるようになる。なかでも、紀州藩の備長炭（ウバメガシ白炭）、幕府直轄の伊豆・天城炭、佐倉藩の佐倉炭（クヌギ黒炭）、秋田藩の秋田炭（コナラ白炭）、加賀藩の加賀炭（鍛冶用炭）、大阪の横山炭、光滝炭（茶道用枝炭）、池田炭（クヌギ黒炭）、宮崎・延岡藩の白炭などが知られている。

茶道用の池田炭（クヌギ黒炭）

●第二次世界大戦後の衰退と復権

一八九四（明治二十七）年、愛知県八名郡山吉田村（現在の南設楽郡鳳来町）で田中長嶺氏により開発された「八名窯」は、そこでやかれたクヌギ木炭の断面が菊花状になることから「菊炭窯」とも呼ばれ、全国各地に普及した。やがてこの窯をモデルとして、各地で炭材や地理的条件に適応した炭窯がつくられるようになった。

そうして第二次世界大戦後までは、毎年約二〇〇万ｔもの木炭を生産していたが、一九五〇年代後半、木質燃料から化石燃料への急激な変化に伴って、木炭の生産量は激減。一般家庭では、その存在すら忘れ去られてしまった。

ところが一九八六年、地力増進法の施行令の一部改正に伴って、土壌改良材として木炭が指定されたことにより、農業用、ゴルフ場用、水処理用、消臭用、融雪用など、燃料以外の新しい用途が確立された。また、グルメ志向やアウトドアブームなども手伝って、調理用としての木炭利用も見直されている。

●見直される炭の効用いろいろ

●空気の浄化

多孔質で、吸着性に優れた木炭は、空気中の汚れ、臭気成分、有害な化学物質を吸着する。

また、炭はアルカリ性なので、微生物がよく着生する。この微生物は汚れやにおいの原因となる物質を分解・浄化してくれる。

建材や塗料から出る有害な化学物質、壁紙や家具に使われている接着剤、防虫加工された畳などに含まれるホルムアルデヒドやトルエン、有機リンなどの有害物質の除去にも、安全で経済的な炭が有効である。

●水の浄化

水道水の中に多孔質で吸着力の優れた炭を入れると、カルキ臭のもとになっている塩素はもとより、カビ臭の元凶である有機物や不純物も一昼夜で吸着・分解することができる。

さらに、炭そのものに含まれている、カルシウム、マグネシウム、鉄分、ナトリウムなど、天然のミネラル成分が溶け出して、おいしい自家製のミネラルウォーターをつくることができる。自家製浄水器には水の中で砕けない硬質の白炭が適している。使用方法を守れば、繰り返し使うことができる（166頁参照）。

また、炭は家庭用飲料水だけでなく、河川の水質浄化にも大いに役立っている。一九八五年、東京都八王子市の女性団体が、多摩川の支流の排水路に炭を入れた布袋一二個を敷いたところ、一か月後には悪臭がなくなり、二か月後には、ウグイが産卵し、ホタルが飛び交うようになった。

●炊飯

米を炊くときに木炭を入れる（167頁参照）と、ごはんがおいしくなる。というのは、炭が水道水に含まれている塩素や微細な有機物を吸着・分解するため。また、米をとぐときに洗い落とせなか

木炭の利用法

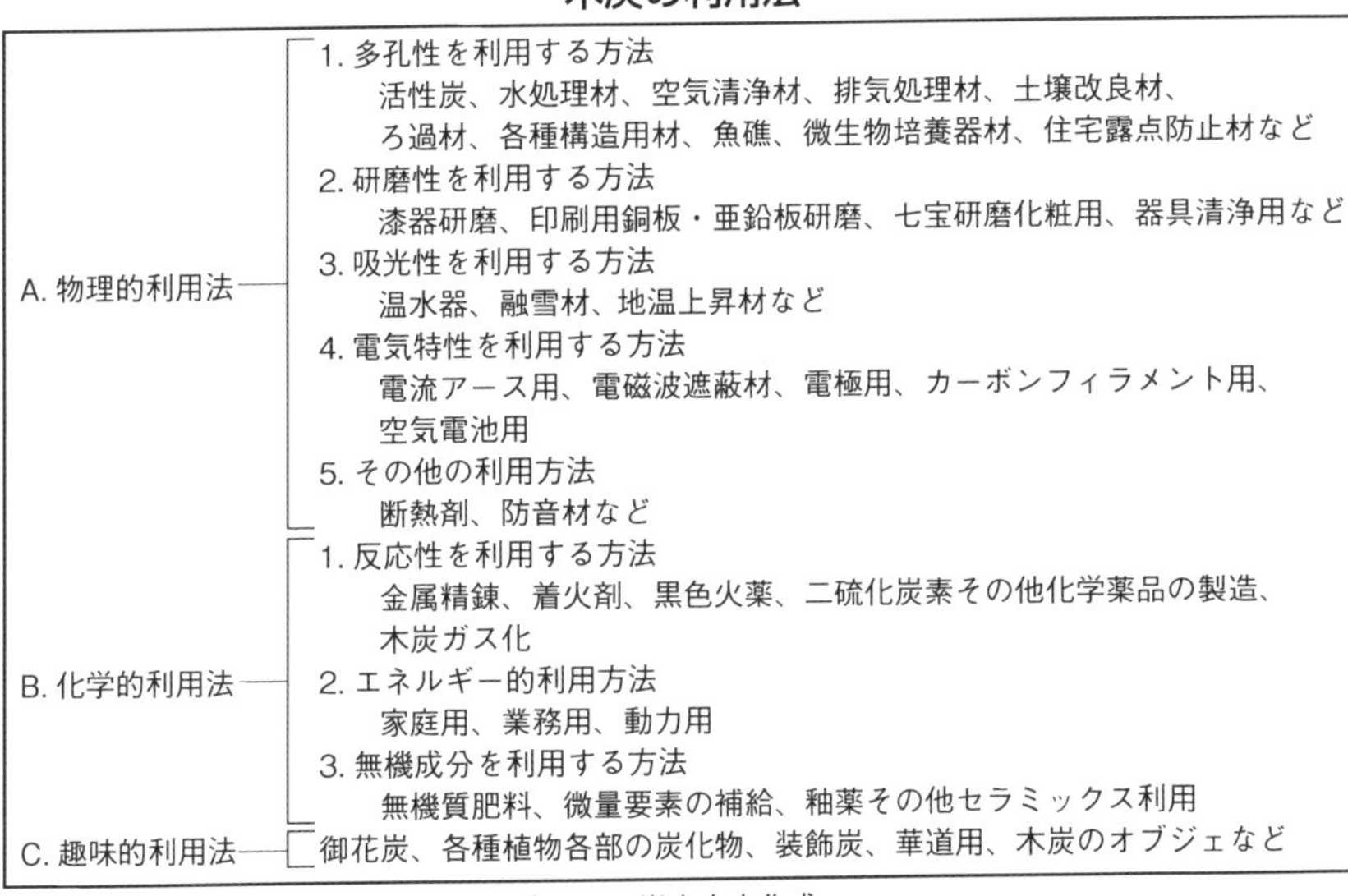

- A. 物理的利用法
  - 1. 多孔性を利用する方法
    活性炭、水処理材、空気清浄材、排気処理材、土壌改良材、ろ過材、各種構造用材、魚礁、微生物培養器材、住宅露点防止材など
  - 2. 研磨性を利用する方法
    漆器研磨、印刷用銅板・亜鉛板研磨、七宝研磨化粧用、器具清浄用など
  - 3. 吸光性を利用する方法
    温水器、融雪材、地温上昇材など
  - 4. 電気特性を利用する方法
    電流アース用、電磁波遮蔽材、電極用、カーボンフィラメント用、空気電池用
  - 5. その他の利用方法
    断熱剤、防音材など
- B. 化学的利用法
  - 1. 反応性を利用する方法
    金属精錬、着火剤、黒色火薬、二硫化炭素その他化学薬品の製造、木炭ガス化
  - 2. エネルギー的利用方法
    家庭用、業務用、動力用
  - 3. 無機成分を利用する方法
    無機質肥料、微量要素の補給、釉薬その他セラミックス利用
- C. 趣味的利用法
  - 御花炭、各種植物各部の炭化物、装飾炭、華道用、木炭のオブジェなど

原出典）『農業富民』（富民協会、1988年）より。岸本定吉作成

ったヌカや表面に付着している不純物も一緒に吸着・分解する。さらに、炭に含まれるミネラル成分、とくにカルシウムが溶け出し、ふっくらおいしく炊き上がる。

●鮮度保持

収穫直後の生鮮野菜や果実からは、エチレンガスが発生していて、これが熟成・老化を早めるもとになる。そこで木炭を使うと、エチレンガスはもとより、においのもとになっているガスまできれいに吸着する。

●農業資材

炭の粉は多孔質なので、土の通気性や透水性を高めるはたらきがある。また、炭そのものはアルカリ性なので、酸性化した土壌のpHを高めるはたらきを持つ。さらに炭に含まれるカルシウム、マンガン、亜鉛、銅、モリブデンなどのミネラル成分は、そのまま土に補給され、さらに土壌中の微生物の活動を活発にする。

木炭は、このほか入浴剤、電磁波遮蔽（しゃへい）、住宅の調湿、寝具などにも活用されている。

●木酢液の採取・精製と用途

●木酢液の採取・精製

木酢液とは、炭やきの際、炭化の過程で出た煙を冷却してできた液体。通常は炭窯の煙道口の上部三〇cmぐらいのところに集煙装置や集煙筒を取りつけ、凝集する液体を採取する(56頁参照)。

採取した液体は、静置すると三層に分かれる。一番下の黒く粘っこい液体が木タール、真ん中の赤褐色、もしくは黄褐色の液体が粗木酢液。一番上の層には、薄い油状の膜ができる。これも木タールの一部である。真ん中の粗木酢液には、多分にタール分が含まれているので、これを濾過・蒸留して純度の高い木酢液を取り出す。

●木酢液の用途いろいろ

農作物の生長を促進　木酢液には、植物の発芽と生長を促進するはたらきがある。ただし、タールやフェノール成分を多量に含むものは、かえって生長を阻害するおそれがあるので、精製によってそれらの成分は取り除くこと。野菜など、葉面に散布する場合は薄めに、土壌に直接散布する場合は少し濃いめにするとよい。使用量は五〇〇倍液で、一a当たり五〇kℓが目安。

農作物の病害虫防除　植物に病気をもたらすカビや、灰色カビ病、立枯病、白さび病、べと病などの病原菌に抗菌作用がある。

消臭効果　木酢液は酢酸含有量が高く、酸性なので、糞尿に含まれるアルカリ性のアンモニア類を中和し、効率よく消臭する。糞尿処理場や家庭用の汲み取り式便所で効果を発揮する。また、木酢液を木炭に吸着させたものを家畜の飼料に混ぜて食べさせると、排泄物の悪臭が減少する。

入浴剤　肌の保湿性を持続させる入浴剤として発売されている。アトピー性皮膚炎にも有効といわれ、「かゆみがなくなった」「肌がスベスベになった」といった体験談が寄せられている。

第2章

基本の黒炭窯をつくって炭をやく

火入れをした黒炭窯

●黒炭窯の主な種類と特徴

●日本全国に分布する黒炭窯

その土地の土と石とで築かれる黒炭窯は、日本全国に分布している。白炭窯に比べて高熱にならないので、奥行きが深い大型の窯の設置も可能。その土地によって土や石の性質、炭材の種類、大きさも異なるので、長い年月を経て知恵とくふうを凝らし、さまざまな炭やき窯が生まれている。

●三浦式標準窯

三浦式標準窯は、大正時代に東大農学部で木炭の研究に大きな業績を残した三浦伊八郎教授が、一九三三（昭和八）年、日本で使われている炭窯約五〇種の平均を割り出して設計した。これは、各地の炭窯の大きさを平均して、各部の大きさを定めたもので、最も平均的な炭窯といえる。

●岩手窯

岩手炭は、遠く奥州藤原氏の時代からやかれていたと伝えられるが、明治末期から本格的に窯の改善が加えられるようになった。岩手窯は構造が簡単で築きやすく、天井が平らで低いので、炭化が順調に進むのが特徴。一〇尺窯の場合、炭化室の奥行き約三m（一〇尺）、最大横幅約二・三m、窯壁の高さ約八五cm。窯底は水平である。

●島根八名窯

島根県の木炭は、タタラ製鉄との関係が深く、長い歴史を持っている。一九一九（大正八）年、愛知県八名郡（現在の南設楽郡）の平田政衛氏が技術指導のために招かれ、八名窯の製炭法が取り入れられた。その後も改良が加えられ、島根八名窯となった。一〇尺窯の場合、炭化室の奥行き約三m（一〇尺）、最大横幅約二・四m、窯壁の高さ約九〇cm。窯底に二%の奥下り勾配がある。

●大竹窯

福島県の技師・大竹亀蔵氏によって考案された。大正中期から昭和の初めころまで、大竹式製

各地に分布している黒炭窯

炭法として広く普及した炭やき窯である。一〇尺窯の場合、炭化室の奥行き約三m（一〇尺）、最大横幅約二・四m、窯壁の高さ約七六㎝。窯底は約九㎝の奥下り勾配。一〇尺以上の大窯の場合は、本排煙口の両側に補助排煙口を取りつける。

●防長二号窯

一九一九（大正八）年、防長木炭同業組合が創立され、山口県内の炭やき窯の普及改良が進められた。一九五一（昭和二十五）年、防長式改良窯が完成。さらに改良が加えられ、防長二号窯が完成した。一〇尺窯の場合、炭化室の奥行き約三m（一〇尺）、最大横幅約二・七m、窯壁の高さ約九〇㎝。窯底に二％の奥下り勾配をつける。

●伊予切炭窯

伊予の切炭（きりずみ）は一九一〇（明治四十三）年ころ愛媛県の越智良一氏がクヌギ炭を切って加工することに着目したのが始まり。火つきが早く火もちがよいのが特徴。一〇尺窯の場合、炭化室の奥行き約三m（一〇尺）、最大横幅約二・四m、窯壁の高さ約一m。窯底に二％の奥下り勾配をつける。

●1 標準黒炭窯づくりの資材・道具

●なくてはならない土と石

炭やき窯を築くうえで、なくてはならないのが土（粘土）と石。その土地にあるものを使うのが基本だ。窯土は赤土に砂の混じったものが適している。粘土だけでは収縮が大きく、黒い腐植質の混じったものは燃えてボロボロになってしまう。

窯石は耐火性が強く、しかも軽い石がよい。安山岩、砂岩、凝灰岩、大谷石などが適している。石灰岩、花崗岩は火に弱いので不向き。

適当な土が手に入らないときは、耐火用セメントを混入して強化する。また、排煙口や窯口などに適した大きさの石がない場合は、耐火性のレンガ、ブロック、モルタルなどを使うとよい。

●用途に合わせた木が必要

先に窯内に炭材を詰めて天井を築く「木口置法」（48頁参照）の場合、あらかじめ窯の大きさに合わせた炭材を用意しておく。それ以外にも、水はけをよくするために窯底に敷く丸太、寸法や形を決める際に必要な杭やロープ、天井をきれいなドーム型に形づくるための型木や切子（50頁参照）も必要になる。

●必要な材料・用具類をチェック

窯の位置を決める際、風向きを調べるために風向計や方位磁石を用意する。整地には、土を掘り崩すシャベルやクワ、窯底を固める木槌も必要。

窯づくりには、炭材以外にも用途に合わせた太さ・長さの木材が必要なので、それらを切りそろえるノコギリやナタ、チェーンソーも欠かせない。さらに天井を築く際には、ゴザ、ムシロや新聞紙などをかぶせる。さらにその上にのせた土を手槌、棒、手ヘラなどで叩き締める。

地下足袋や土の入りにくい運動靴、さらに軍手というでたちで取りかかろう。なお、木酢液採取装置の材料は、後述（56頁参照）する。

〔標準黒炭窯づくりの主な資材・道具〕

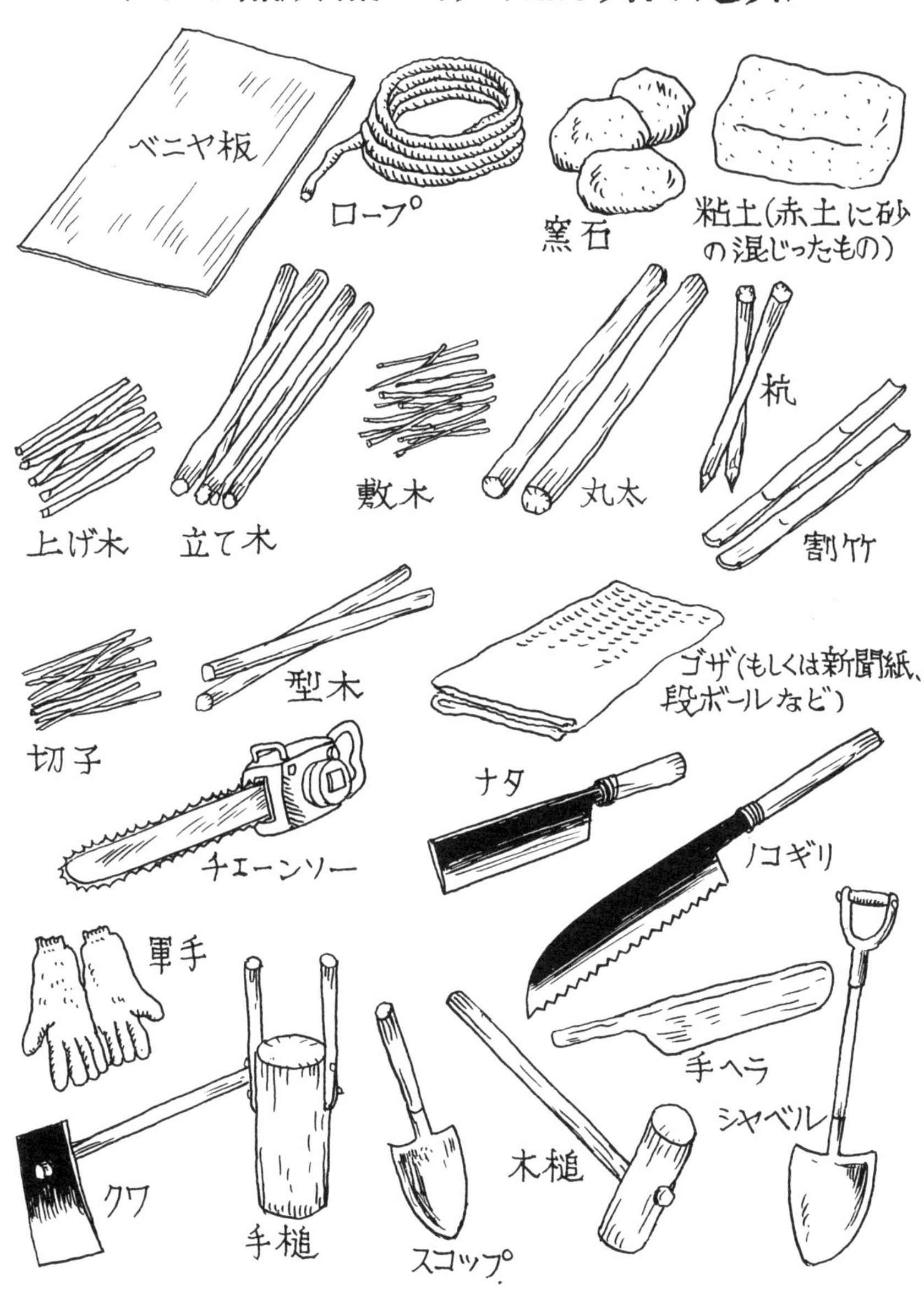

●標準黒炭窯づくりの基本工程①〜⑪

●作業と労力の目安

最も人手を要するのは、窯の材料となる石や土、炭材や作業に必要な材木を伐り出して窯場まで運ぶ作業である。これには一週間で延べ三〇人の人手が必要な計算となる。こういった資材集めの作業は、できるだけ大勢で行うほうが作業効率が高まる。窯づくりのスケジュールは、その場の天候や人数、窯の大きさによっても異なるが、実質的な作業だけで、最低三日間を要する。

一日目　窯場の整地や窯底づくり
二日目　窯壁（ようへき）（窯の側壁）や煙道（えんどう）、窯口の整備
三日目　天井づくり

実質的な作業のほかに、窯の中で焚き火をして内部を乾燥させる胴やきや、天井を築いたあとに窯内を乾燥させる時間も必要になるので、その分の時間も考慮に入れてスケジュールを組む必要がある。

全体を通して、大勢で行う作業と小人数ですむものがあるので、経験者の協力を得ながら人員配分にも注意し、作業効率のアップを図ろう。

●窯づくりの手順

資材や道具がそろったら、いよいよ窯づくりの開始。以下のような工程で取りかかろう。

①条件に適した窯場を決める。
②整地し、窯底部分を掘る。
③窯底をつくり、窯形を決める。
④粘土を積み、窯壁を築き上げる。
⑤④と並行して排煙口と煙道をつくる。
⑥胴やきをして窯壁、煙道を乾燥。
⑦炭材を順番どおり投入する。
⑧型木を置き、天井の形をつくる。
⑨土を叩き締め、天井をつくる。
⑩炭窯の上に小屋をかける。
⑪木酢液採取装置を取りつける。

〔標準黒炭窯づくりの主な工程〕

①窯場を決める

②窯底を掘る

③防湿装置をつくる

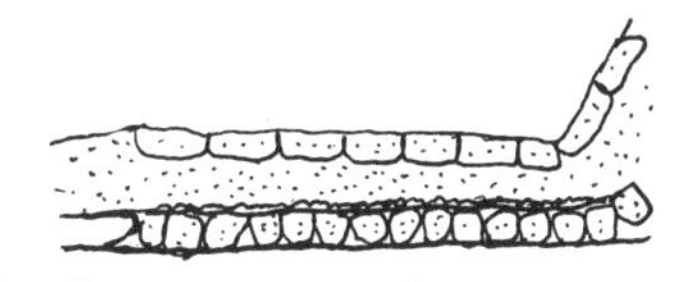

④窯形を決める

⑤窯壁を築く

⑥排煙口・煙道をつくる

⑦窯壁と煙道を乾燥させる

⑧炭材を投入する(木口置法の場合)

⑨型木・切子を置く

⑩土を叩き締め、天井をつくる

⑪小屋をかける

⑫木酢液採取装置を取りつける

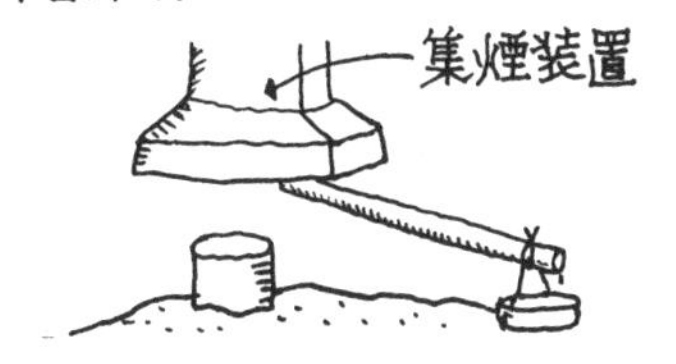

●工程① 条件に適した窯場を決める

●乾燥している場所を選ぼう

どんな場所に炭窯を築くかは、作業効率、炭質、収炭率に大きな影響を与える。窯場を決めるときは、以下の条件を十分吟味しよう。

一般に炭窯は南向きが適しているといわれる。これは、日当たりがよく乾燥しているからだ。窯場のまわりに湿気があると、炭化が遅れて良質の木炭ができないので、雨や雪解け水が流れ込みやすい場所は避けたほうがよい。

また、窯口の向きは「主風もしくは常風」といわれ、前から風が吹き込むようにつくるのが基本。窯の後方から吹く風は、煙道口から逆流して窯内に入り込み、炭が割れ砕ける原因となり、炭質や収炭率が落ちてしまう。

深い山の中では、気温の高い日中に風が峰や沢に向かって吹き、午後気温が低くなると、下に向かって吹くことが多いので注意しよう。

●よい窯土を選ぶ

よい窯を築くために、良質の土を選ぶことは必須の条件である。窯土には赤土に砂の混じったものが最も適している。

窯土の良し悪しを見分けるには、まず、湿らせて団子状にした土を焚き火でやき、目の高さから落としてみて割れなければ合格。ヒビが入ったり、割れたりするようであれば適していないといえる。また、小石がたくさん混じっていると、窯の天井が締まらなくなったり、ヒビが入ったり、急炭化の原因にもなるので避けること。

●まわりの条件も配慮して

さらに、炭材を窯まで運びやすいことも大切な条件。危険が少なく、作業しやすい場所を選ぼう。また、水を得やすい場所であること。粘土を練るとき、また火の用心のためにも、水はなくてはならないものである。

窯口に向かい風が吹き込む場所を選ぶ

耐火性のある窯石や窯土を採取し、搬入

工程② 整地し、窯底部分を掘る

●斜面を崩すか、山肌を掘り込む

窯場が決まり材料が集まったら、いよいよ整地に取りかかろう。窯場そのもの以外にも、炭材置き場、作業スペース、木炭の保管場所なども必要になってくるので、広いスペースが必要となる。

炭窯を山の斜面に築く際は、後方を切り崩し、その土で前方を埋め立てていく場合が多い。また、山腹に穴を深く掘り込んでいく方法もある。

いずれの場合も、その場所に主に吹く風が、窯口の前方から吹き込むようにしつらえる。

●窯底を掘り下げる

整地が完了したら、窯底部分の床掘りを行う。山の斜面に築く場合は、窯の仕上がりの大きさよりも三〇cmほど広く、三〇〜四〇cm掘り下げる。

また、山腹を掘り込む場合は、窯の仕上がりの幅よりも五〇cm以上広く、一m近く掘り下げる。

掘り下げた土は窯の周囲に積み上げ、あとの作業で窯壁用に使う。

●窯底は防湿をしっかり

窯底はよく乾いていて、保温性があることが肝心。床掘りが終わったら、そこへ握りこぶし大の石、砂利などを敷き詰めて防湿装置をつくる。石の代わりに丸太や粗朶（そだ）（切り取った木の枝）などを、間隔を置いて敷き詰めてもよい。さらに、節を抜いた竹を埋めて排水溝（74頁参照）を設けると万全である。

炭化中、窯底の温度は窯内で最も低くなるので、炭材が底に接する部分は完全に炭化せず、煙の出る炭になりやすい。防湿・排水装置をしっかりつくることで、炭化中に炭材からしみ出る水の浸透がよくなる。

防湿装置（とくに排水溝）をつくっておけば、窯底から奪われる熱量も少なくなり、窯内の温度が上昇しやすくなるので、炭化も順調に進む。

ショベルカーで斜面を切り崩す

窯底部分の床掘りを行う

◯工程③ 窯底をつくり、窯形を決める

●窯底はしっかり突き固める

窯底を粘土でおおい、木槌などでしっかり突き固める。

山肌を掘り込む場合は、窯壁を築いたあとに残った土を、そのまま底に突き固めてもよい。

窯底は何度も炭やきを重ねるにつれ、荒れたり、防湿装置の隙間から空気が入ったりして、火が消えなくなることがある。これは炭質を落とす原因にもなるので、窯底にはよい粘土を選んで厚さが一定になるようにし、十分突き固めておくことが肝心。

黒炭窯の場合、底にたまったガスが抜けやすいように、窯底は水平もしくは幾分奥下りに仕上げることが多い。

●窯のアウトラインを決める

窯底ができ上がったら、その上に窯のでき上がりの形を描いていく。まず、窯の奥中央に排煙口の位置を定め、そこから窯口に向けて中心線を引く。この長さが炭化室の全長となる。

三浦式標準窯の場合、この中心線を窯奥を起点として四対六に分ける。そのポイントを中心に中心線の四割の長さを半径とする円を描く。これが窯の奥の部分の丸みとなる。

全体に卵のようなふくらみを持たせて、窯のアウトラインを描いていこう。要所要所に長さ二〇cmほどの杭を打ち込んで目印にする。

また、ベニヤ板に窯形の平面図を描き、切断して型板として地面に置くと、窯形の位置が確実に決まる。この場合、あらかじめベニヤ板を用意して型板をつくっておくと、当日の作業がスムーズになる。

三浦式標準窯では、窯の最大幅は全体の奥行きの約八割となる。これを「八割窯」と呼ぶ。島根八名窯、大竹窯、伊予切炭窯も八割窯である。

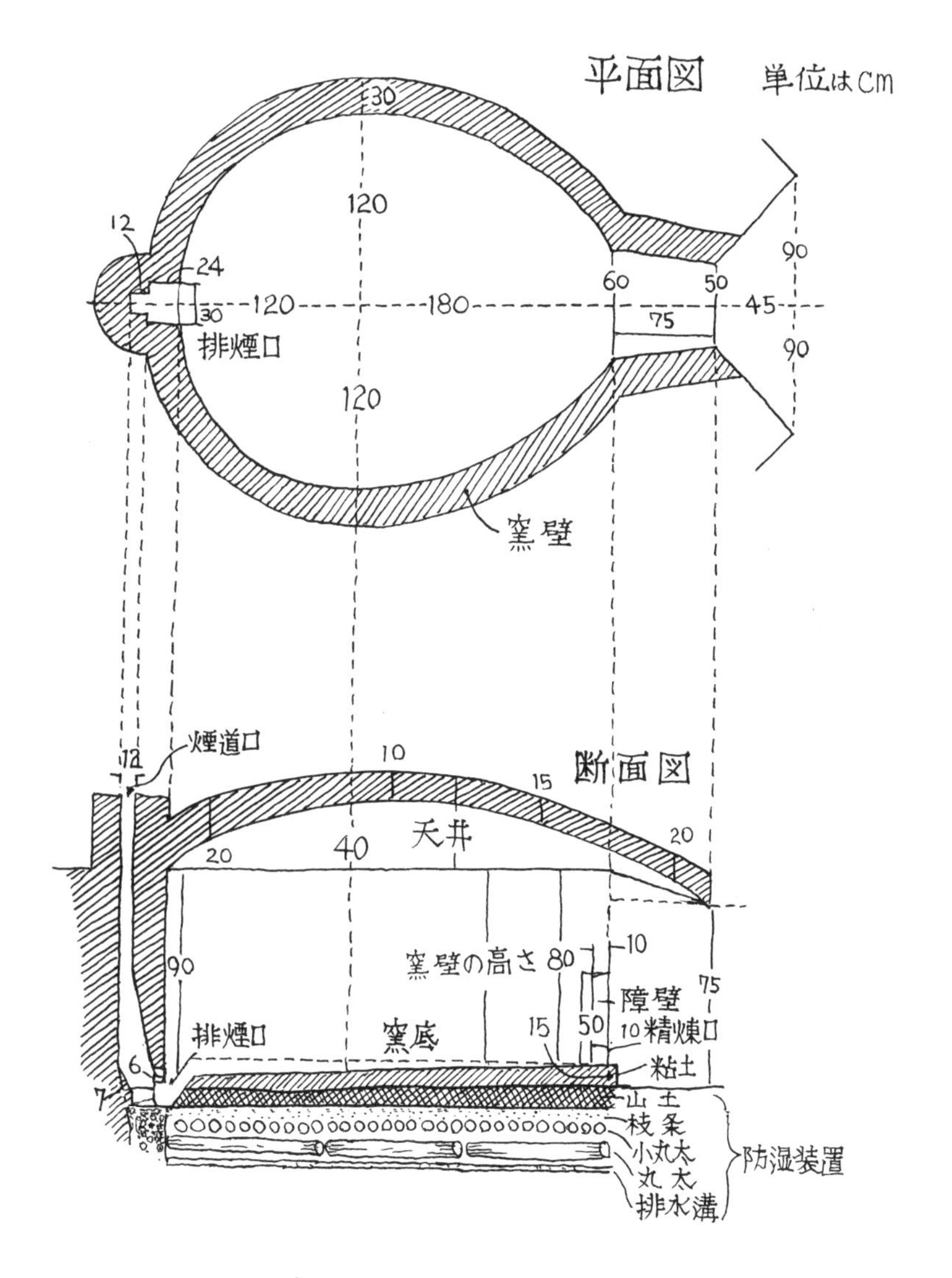

『木炭ハンドブック』（東京都林務課，1997年）より

●工程④ 粘土を積み、窯壁を築き上げる

●土を積み上げて築く

窯壁は、粘土層一五～二〇㎝の外側に約五〇㎝の土壌層を設け、その外側を木の柵などで取り囲むのが基本である。

窯壁づくりは、内側と外側に土留め（壁）をつくり、その中に粘土を入れて突き固めていくという方法で行う。また、外側の土留めの代わりに枝条（木の枝）を編み込んでおおう方法もある。

内側に土留めをつくる場合は、地面に窯形を描いて杭を打ち込んだら、その輪郭に沿って長さ四〇～五〇㎝の炭材を横に並べ、土留めをつくる。

さらに外側にも土留めをつくり、あらかじめ山から掘り出してきた粘土を入れてしっかり突き込んでいく。炭材と同じ高さだけ粘土を積み上げたら、さらにまた炭材を積んで粘土を入れる。この作業を何度か繰り返して、窯壁を築いていく。

十分な高さまで積み上がったら、土留めなどを取り払って、窯壁の表面を削り、板や手ヘラなどで粘土の表面をしっかり打ち固めて仕上げていく。

炭材を横に並べる代わりに、縦に並べたり、枠板や割木を縦に並べたりなどして粘土を突き込んでいく方法もある。

●山腹を掘り込む場合

傾斜地で窯壁を山腹に掘り込む場合は、あらかじめ窯の仕上がりのサイズよりも五〇㎝以上広く掘り込んでおく。

日本は雨が多いので、山腹を伝って雨が窯内にしみ込むのを防がなければならない。さらに窯壁と山腹との間に、樹皮、枝条、板、岩石などを入れて、防湿の役目を果たす「しがらみ」を築き、その内側に粘土層を積み上げていく。窯壁の高さは八〇～九〇㎝が目安。しがらみの代わりに、石やブロックなどを積み上げてもよい。

型板の周囲に窯壁を築いていく

窯壁用の粘土をつくる

●工程⑤ 排煙口と煙道をつくる

●煙道は窯の命

炭やきによって生じる煙は、窯の奥につくる排煙口に入り、煙道を通って排出される。昔から熟練した炭やき師が、「くど（煙道）積みは、他人に任せられない」というほど大事な部分だ。一度火を入れたら、中の火加減は煙道の先の煙の出口である煙道口（煙突がある場合は煙突口）と窯口の通風口で調節するしかない。排煙構造は、炭窯の全機能を左右するほど重要な部分である。

●工程④と並行して排煙口をつくる

排煙口の底部は、窯底よりも三〜八cmほど掘り下げ、前方にはゆるやかな傾斜をつけて窯底とつないでいく。排煙口の大きさは高さ六〜七cm、幅四〇cm、奥行き三〇cm前後が目安。排煙口の上部に渡す「かけ石」には、長さ五〇〜六〇cmの石、または耐火レンガを用いる。

煙道は石と粘土、または耐火レンガを積み上げ、内側を滑らかに仕上げる。これはそれほど難しい作業ではないが、簡単にすませるなら、あらかじめベニヤ板で煙道の型をつくって窯壁に埋め込み、周囲をレンガで固めていってもよいだろう。

●煙道をつくる基本

煙道は下部にふくらみを持たせて太くつくり、上部に行くに従って細くしていくのが基本。手前に向かってゆるやかなカーブを描いていく。

煙道の幅は底部が三〇〜四〇cm。上に行くに従ってだんだん細くなり、煙道口の幅は二〇cm前後になる。こうして下部にふくらみを持たせると、逆風が煙道口から吹き込んでも、窯内に入り込むのを防ぐことができる。

●煙突を取りつける

煙道口の上には、煙突として三〇cmほどの高さの上塗りした土管を取りつける場合もある。土管の太さは煙道口の大きさによって異なる。

排煙口底部は窯底より掘り下げる

（煙道の型枠をつくり設置する例）

排煙口の上に固定する　　型枠をつくる

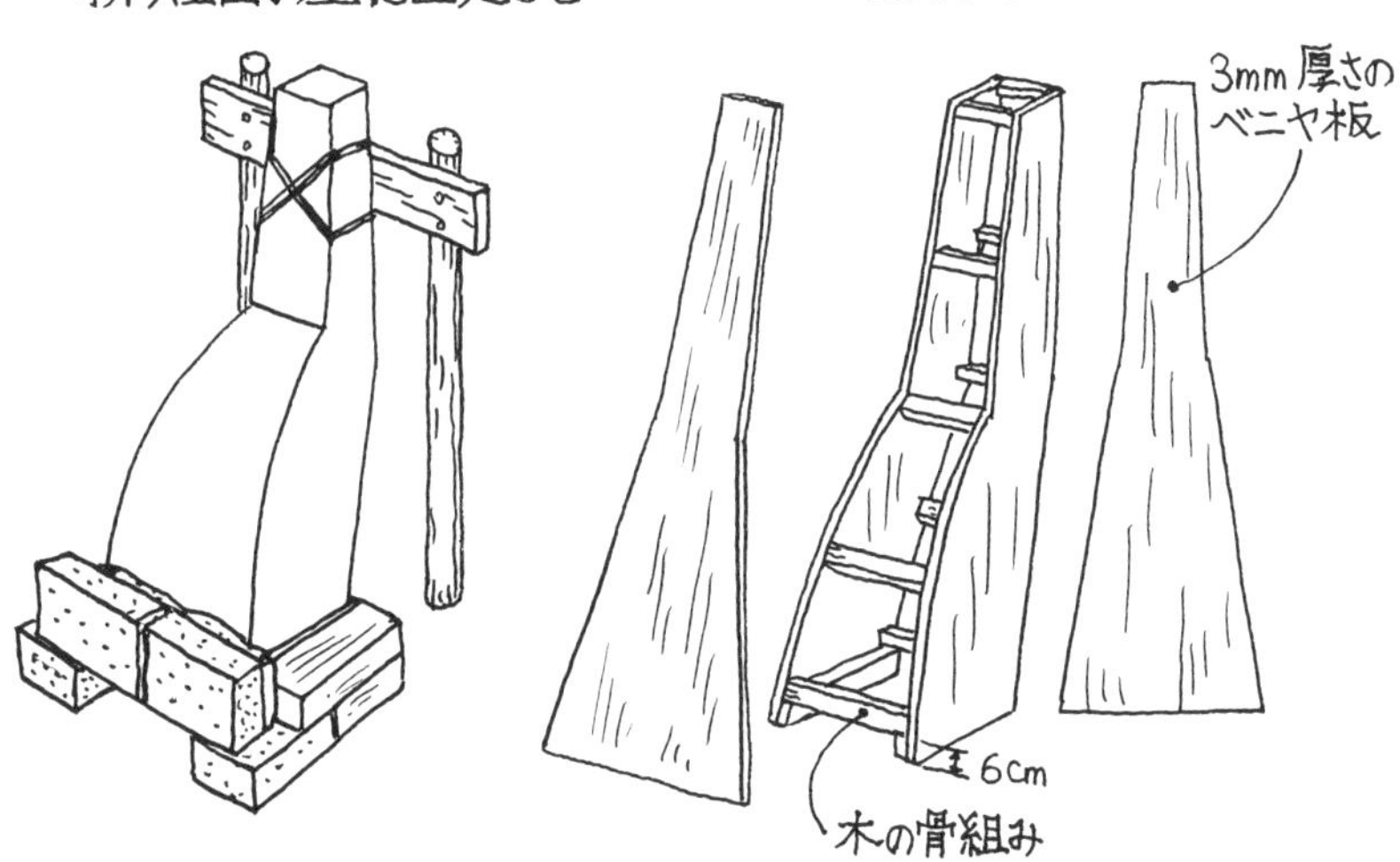

●工程⑥ 胴やきをして窯壁、煙道を乾燥

●窯の前面は「窯の顔」

窯の前面は窯口となる。窯内に外から入り込む空気の量をなるべく少なくするためにも、窯口は小さければ小さいほどよいといわれている。窯口の大きさはせいぜい人ひとりがかがんでなんとか入れる程度。幅六〇cm、高さ八〇cm前後が目安になる。

大きさが決まったら、窯口の両側に石を積み上げ、その隙間を粘土で塗り固めていく。こうして前面の「窯の顔」ができ上がる。

●燃焼室に障壁を設ける場合

三浦式標準窯は、焚き口からすぐ炭材に着火する構造になっているが、場合によっては、一回ごとに窯口と炭化室の間に障壁を設け、燃焼室と呼ばれる空間をつくることがある。

障壁があると、点火の際の煙の逆流を防ぎ、燃材がよく燃えるようになる。さらに炭化室内に直接冷たい空気が入り込むのを防いでくれるので、炭化室内の温度差が少なくなる。

障壁を築く場合は、窯壁の高さの五〇〜六〇％くらいにするのが目安だが、状況に応じて高さを変えることも必要だ。

●胴やきをして窯壁、煙道を乾燥させる

煙道ができ上がったら、排煙口の近くで焚き火をして、煙道全体をよく乾燥させる。すると煙が吸い込まれるように、煙道を立ち昇っていく。この部分をよくやいて乾燥させておかないと、あとから煙道が崩れ落ちることがある。

さらに燃焼室内で焚き火をし、窯壁や窯底を乾燥させることを「胴やき」と呼ぶ。これは窯を長もちさせ、良質な木炭をやくために欠かせない作業。窯壁の乾燥が不十分だと、窯全体のバランスにくるいが生じたり、天井の乾燥が遅れて炭質が劣化するおそれがある。

排煙口の近くで焚き火。煙道全体をよく乾燥させる

乾燥させた排煙口

●工程⑦ 炭材を順番どおり投入する

●天井をつくる前に炭材を詰める

天井の築き方には、大きく分けて「木口置法（こぐちおき）」と「棚置法」がある。あらかじめ炭化室に炭材を詰め、その上に型木や切子（きりこ）（短く切った小枝）を山盛りにし、その上に天井を築くのが木口置法、炭化室に丸太や板などで支えをつくり、その上に天井を築いていくのが棚置法である。

木口置法のほうが広く行われているので、その際の炭材の詰め方を紹介しよう。

●敷木、立て木を詰め込む

炭材（58頁参照）を入れる前に煙道、窯底をきれいに掃除する。さらに煙道口にふたをして、上から土や石などが落ち込まないようにしておく。

まず、炭化室の窯底全体に、直径二～三cmの小枝、粗朶（そだ）などを敷き並べる。これらを「敷木」という。

次に窯壁の高さと同じサイズに切りそろえた炭材（太さは直径一〇cmほどが適当。太ければ割る）を、窯の奥から立てていく。これを「立て木」という。立て木は太いほうを上にして、真っすぐに密に詰め込んでいく。

窯奥の排煙口の付近は、同じ窯内でも灰にならず良質の木炭がやける場所なので、ここにはなるべく良質の炭材を並べるようにする。

反対に窯口の近くは燃えて灰になりやすい。ここには太い材、皮のむけたもの、節のあるものなど、粗悪な炭材を置くとよい。

炭材はできるだけ隙間ができないように、密に詰めていくこと。詰め終わったら、さらに木と木の間に小枝や木片を打ち込んで、立て木全体が動かないようにする。

初窯のときは天井をつくるために、立て木の上に型木、切子をのせていくが、二度目以降の炭やきの場合は、立て木の上に「上げ木」と呼ばれる小枝をぎっしりと詰め込む。

窯底に敷木を敷き、立て木を立てていく

立て木の太さは直径10㎝ほど。太ければ割る

○工程⑧ 型木を置き、天井の形をつくる

●天井はできるだけ短時間で

炭材を詰め終えたら、いよいよ天井づくりに取りかかろう。

天井づくりは、窯づくりの工程のなかで最も重労働といわれている。しかも途中で雨が降っては困るので、晴れた日になるべく早く完了させなければならない。したがって多くの人手を動員し、一気に仕上げるのが理想的だ。

●最頂部に目印を立てる

炭窯の天井は、全体の中心よりもやや奥まった地点が最も高くなるように築く。窯の最大幅の中心点が天井の最高部になるので、ここに杭を立てて目印にする。

木口置法では、ぎっしり詰め込んだ立て木の上に型木、切子（直径二～三cmの小枝を長さ一五～二〇cmに斜めに切ったもの）をのせて天井の形をつくり、さらにその上に粘土をのせ、これを打ち固めて天井を完成させる。

これらの木材は、初窯の際、他の炭材と一緒に木炭や灰になる。天井づくりと炭材の両方の役割を果たす。まさに一石二鳥の方法なのだ。

●左右対称に並べるのがポイント

まず、立て木の上に直径一五～二〇cmほどの太さの型木をのせていく。中央部に太い木を、周辺に向かうに従って細い木を並べ、ドーム型のなだらかなカーブを描いていく。

さらにその上に、切子を山盛りに敷き詰め、天井勾配を完成させる。

型木や切子をのせる際は、左右の傾斜が左右対称になるように気をつけること。型木の太さや左右の天井の乾燥度が左右で著しく異なる場合は、片やけを起こし、天井が変形することがある。作業の途中で手を休め、複数の人間の目で見て左右のバランスを確認しながら進めていこう。

長さ15〜20㎝の切子を用意する

立て木の上に型木をのせ、切子を盛って形をつくる

●工程⑨　土を叩き締め、天井をつくる

●土をのせてひたすら叩く

型木、切子を並べ終えたら、天井本体の製作に取りかかる。まず、天井の形に盛った切子の上に幾分湿らせたゴザ、もしくは新聞紙や段ボールなどを敷き詰めていく。ガムテープでところどころをつなげば動かない。昔はこれにムシロやコモなどを使っていたが、現在では入手にしにくいので、こういったもので十分代用できる。

その上に粘土を積み上げていく。天井の周囲から頂上部に向けてのせていくこと。仕上がりの天井の厚さは周辺が三〇cm、頂部が一五cm。上に行くに従って、薄くしていくのがポイント。

粘土をのせ終えたら、木槌などで打ち固めていく。表面が平らになったら、丸太を平たく削った手ヘラ、手槌などで入念に叩き締める。

ちなみにある窯では、この作業に三人で二日間を要した。最初のうちはトントントン、平らになったらペタペタペタと、根気よく叩き続けるのがコツ。叩き続けていくと、土の表面から水滴がしみ出してくるのがわかる。こうして粘土に含まれている水分をしっかり蒸発させることが大切だ。

天井の水分の蒸発が進むに従い、割れ目やヒビが入ることがあるので、これも手ヘラでならして、打ち固めていく。

●天井をしっかり乾燥させる

こうして天井が完成する。喜びもひとしおだが、ここでいきなり炭やきを始めてはいけない。窯壁や天井の内側にまだ水分が残っている。とくに天井に水分が残ったまま炭をやくと、天井が割れてしまうおそれがあるので注意しよう。

天井ができたら、煙の出口をふさいで窯口で焚き火をして、天井を乾燥させる。乾燥が進むに従い、割れ目などが目についたら、手ヘラなどでしっかりと打ち固めるようにする。

天井全体にゴザを敷き、粘土を積み上げていく

根気よく叩き、土の水分を蒸発させる

手ヘラや手槌などで表面を打ち固める

●工程⑩ 炭窯の上に小屋をかける

●炭やき窯に水は禁物

窯の天井は土でできており、耐水性に乏しいので、雨露を防がなければならない。炭窯が完成したら、その上から小屋をかけよう。

せっかく築いた天井が、雨で台無しにされたら、それまでの苦労が水の泡になってしまう。炭窯に水は禁物だ。上から降ってくる雨はもちろんのこと、地面からしみ出る水からも炭窯を守らなければならない。

ひと口に小屋がけといっても、地方によっていろいろな形式がある。一般に北海道、東北、北陸地方では、冬の雪も考慮して、頑丈で大型のものがつくられている。炭やき窯だけでなく、炭置き場まで通し屋根がかけられる場合もある。

これにたいして南の地方では、窯の天井に雨露をしのぐための小さな屋根がかかっている程度の、シンプルなつくりのものが多くなっている。

●桁づくりと合掌づくり

窯小屋の代表的なものに「桁づくり」と「合掌づくり」がある。

桁づくりは、窯の周囲に柱を立て、棟上げをしてしっかり屋根をのせる工法。これにたいして、屋根のてっぺんから地面近くまでひと続きの大きな屋根をかけるのが合掌づくりである。

桁づくりは、多くの材料と労力が必要で、作業も大がかりだが、小屋の中での作業がスムーズに行える。

これにたいして合掌づくりは、急傾斜地の窯に向いている。屋根の勾配がきついので、積雪にも強く、桁づくりに比べ、材料も少なくてすむが、小屋内での作業が若干不自由になるのが難点だ。

いずれにせよ、炭窯のある場所の気候、風土、立地、作業工程などを考慮して、その窯に最も適した小屋をかけよう。

桁づくりの窯小屋。柱を立て、棟上げをして屋根をのせる工法

大きな屋根をかける合掌づくり（手前は完成祝いセレモニーの設営）

●工程⑪ 木酢液採取装置を取りつける

●炭やきの貴重な副産物

木酢液は炭やきの過程で採取できる貴重な副産物。古くから消臭材や防腐剤として利用されてきたが、最近は、畑の害虫から作物を守り、防菌、防カビ、水虫にも効果があるといわれている。

炭やきの際は、ぜひこの木酢液を採取して、生活に役立てよう（28頁参照）。

●木酢液の採取装置

煙突口（もしくは煙道口）の上、二〇～三〇cmの部分に煙を集めるため、動かせるようにした集煙装置、曲がり土管（煙道口、煙突口より大きめで上塗りしてあるもの）を取りつける。集煙装置と煙の出口を近づけすぎると、窯内の空気の流れが変わってしまい、木炭の品質に影響を及ぼす。また、離しすぎると煙が外に逃げて、木酢液の採取量が減ってしまうので注意しよう。

この曲がり土管に、ステンレスパイプ（約一〇m。二mのものを五本用意）、または節をくり抜いた長さ七～八mのモウソウチクを四本以上取りつける。これが煙を冷やすための冷却装置となる。さらに、曲がり土管からしたたり落ちてくる木酢液を受け止めて容器に導く樋（竹筒を半分に割ったものなど）と容器を設置すればでき上がり。

これらの装置は木酢液の強酸と高熱にさらされるので、腐食しやすい鉄製や、熱に弱い塩化ビニル（塩ビ）製のものは使えない。

曲がり土管の代わりにステンレスパイプを加工して集煙装置に取りつけることもできる。もっとも加工に技術を要するので、あらかじめ溶接業者に頼んでおくと便利である。

また、木酢液をためる容器も酸に弱い素材のものは避けること。ポリタンク、木の樽、ほうろう引きの容器などを用いる。

〔木酢液の採取装置を取りつける〕

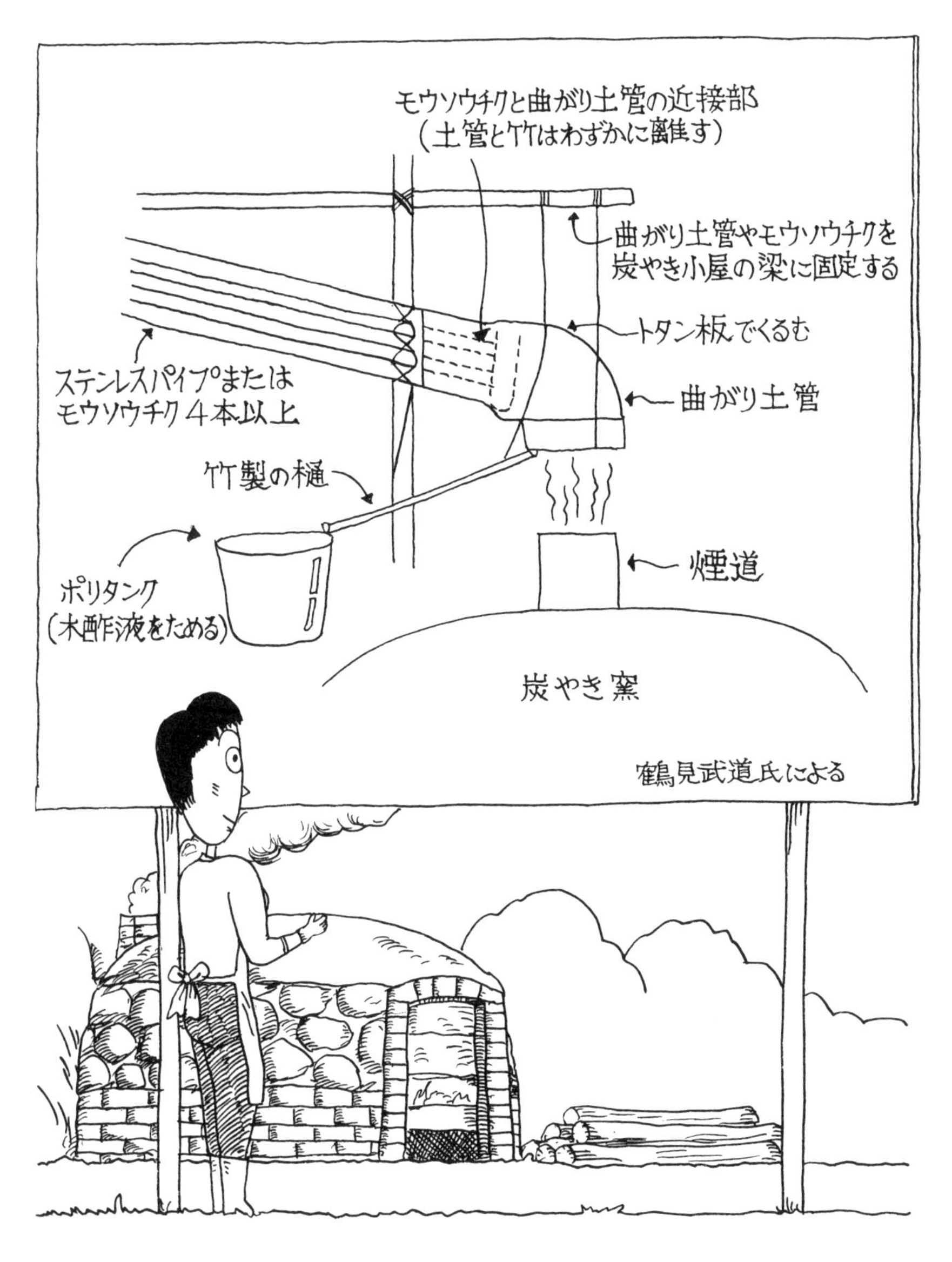

●黒炭をやくのに必要な材料・道具

●まずは炭材集めから

山でやく炭ならば、炭材は窯場付近に生えている木を使うのが基本。できれば山林の生態系を壊さないように、間伐材や打ち払った枝などを使うことが望ましい。また、町で行う炭やきならば、廃材や生け垣や街路樹の打ち払った枝を利用してもよい。生木の場合は、伐採して三週間ほど乾燥させること。

木口置法で天井をつくる場合、その時点で炭材を投入するが、二回目以降は窯口から炭材を敷木、立て木、上げ木と分けておいて投入する。

敷木　窯底に敷き詰める細くて細かい木。

立て木　窯の中に立てる良質の炭材。長さ八〇〜九〇cm前後に切りそろえる。太さは直径一〇cmほどが適当。

上げ木　立て木と天井の隙間を埋める、細くて短い炭材。

●焚き口をふさぐ材料

焚き口に火を入れ、炭化が始まったら、石と粘土で焚き口をふさがなければならない。障壁づくりのためにも耐火レンガを用意しておくとよい。

●作業に必要な道具

炭やきの進行状況を知るために、煙の色と温度は重要な手がかりとなる。そのために水銀温度計を用意したい。できれば五〇〇℃まで測れるものがよいが、三〇〇℃のものでも十分間に合う。炭出しの際、窯口を壊すための釘抜きや、やき上がった炭を集める火箸なども必要になる。

さらに、やき上がった炭を収納したり保存したりするビニール袋や段ボール箱、俵、やけどをしないように軍手、防火用水を汲み置くバケツ、炭を取り出したあとに窯内を掃除するホウキ、熊手なども用意しておこう。また、ノコギリ、チェーンソー、オノなども必要である。

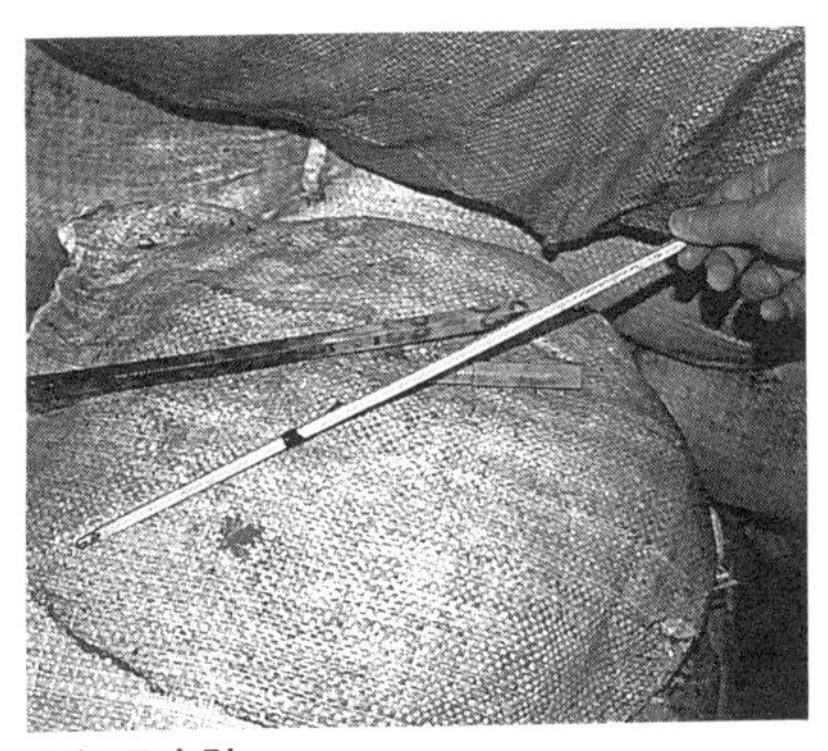

水銀温度計

敷木

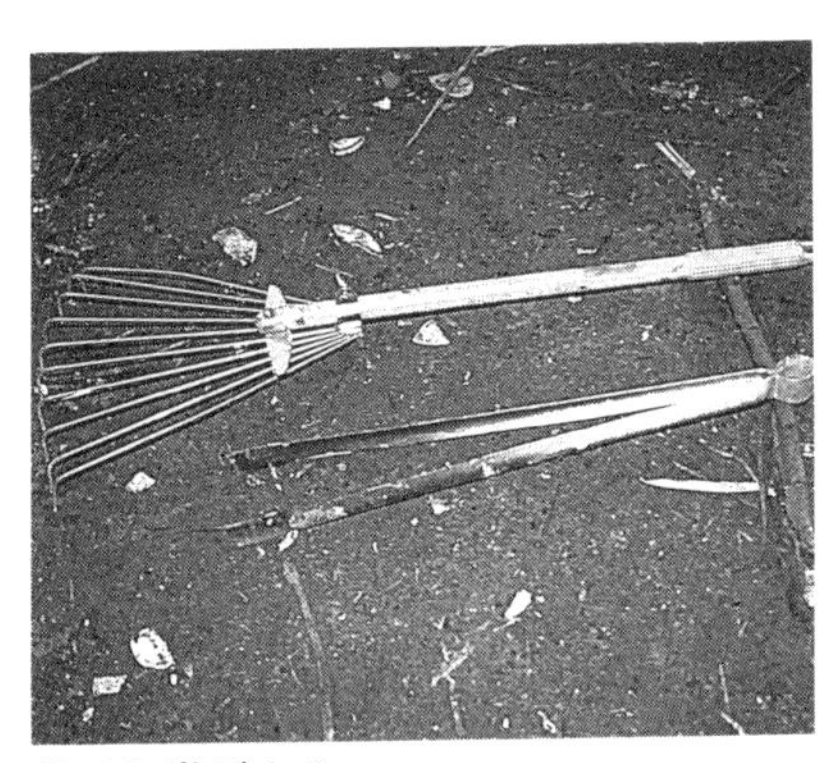

熊手と炭ばさみ

立て木

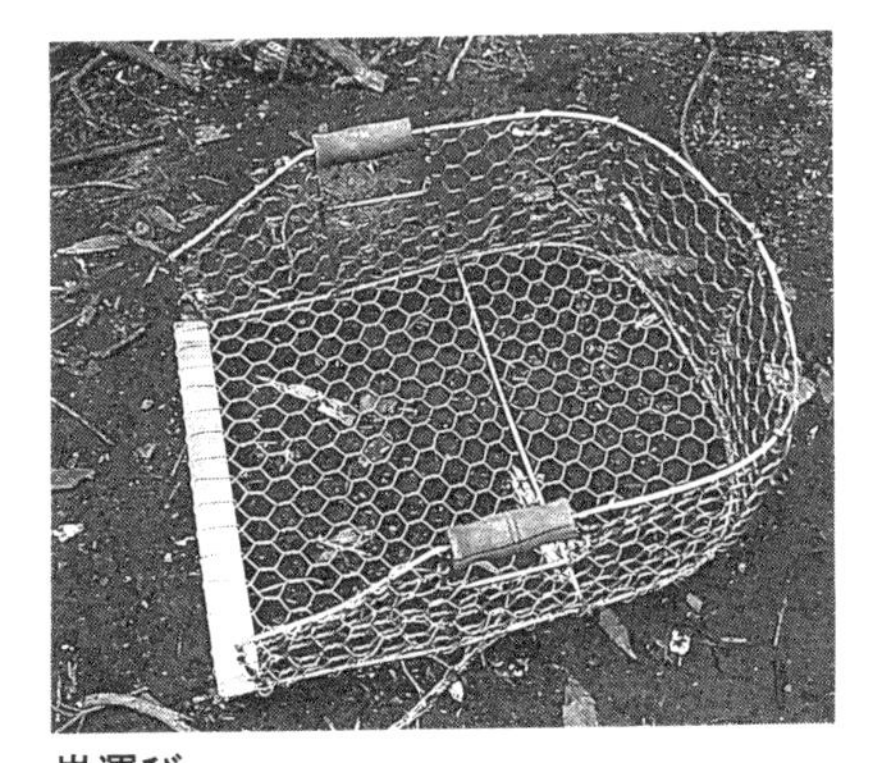

炭運び

上げ木

●火入れから炭出しまでの手順①〜④

●火入れから炭出しまで

黒炭窯での炭やきは、炭材投入後、次のようなプロセスを経て行われる。

①障壁、焚き口をつくり、火を入れる。
②通風口、煙突口、煙道口を調整。
③木酢液採取、精煉（ねらし）、窯止め。
④窯口を開けて炭出しをする。

一度火をつけたら、窯の内部を見ることはできない。微妙な炭化の進行具合を把握するために、煙突口（もしくは煙道口）から立ち昇る煙の色や温度と炭化状況の関係を、あらかじめ知っておこう（20頁参照）。

●炭質のカギを握る煙突口

かたくて良質の炭がやき上がるか否かを決めるのは、焚き口、通風口、煙突口（もしくは煙道口）の三つの調節の仕方にかかっている。なかでも絶えず煙を出し続ける煙突口の果たす役割は大きい。これを大きく開けたままでやけば、一昼夜でやき上げることも可能だが、狭めれば、一週間じっくり時間をかけてやくこともできる。

良質の炭をやくには、微妙な煙突口の操作が決め手だということをお忘れなく。最初から質の高い炭をやき上げるのは無理だとしても、回数を重ねるにつれて、この操作をマスターしていけばよい。そのためにも、時間と煙の色、そして煙突口の開き具合を記録に残しておくとよい。

●木酢液を採取し、炭を精煉する

炭化の過程で採れる木酢液は、浄水、殺菌などさまざまな効果を持つ、炭やきの貴重な副産物なので、ぜひとも採取しよう。

炭やきの最終段階で、煙道口と通風口を開け、精煉（炭のガス分を抜く操作で、ねらしともいう）を行う。精煉は一般に白炭に施される技とされるが、黒炭の場合も、この作業を行うことで、皮つきのかたい良質の炭をやくことができる。

〔火入れから炭出しまでの主な手順〕

①障壁をつくる

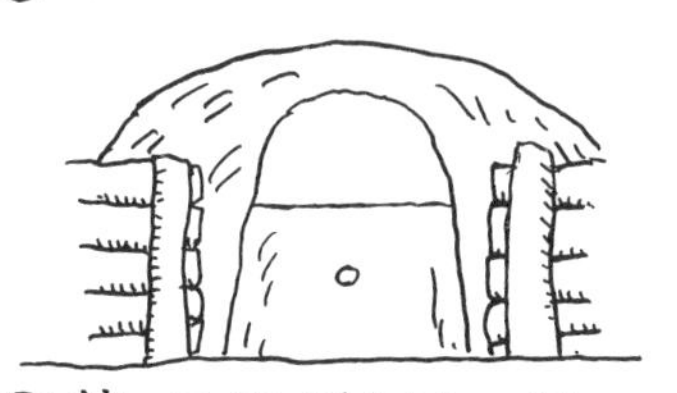

②焚き口、通風口をつくる

③焚きつけ用の燃材を入れる

④火を入れる

⑤通風口、煙突口を調整

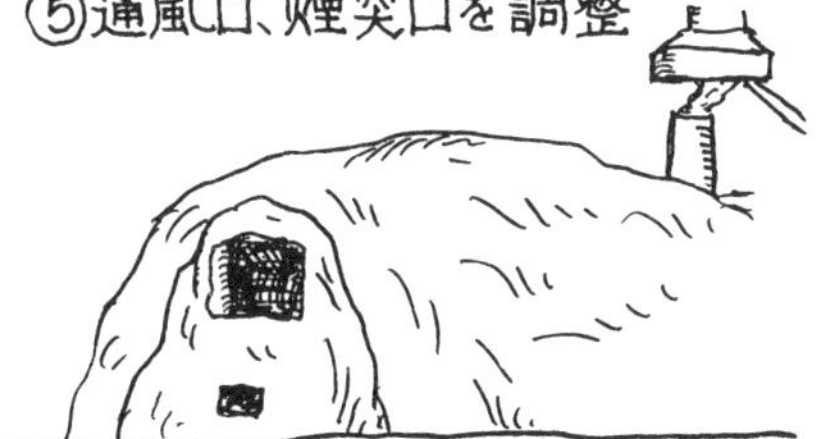

⑦木酢液を採取する

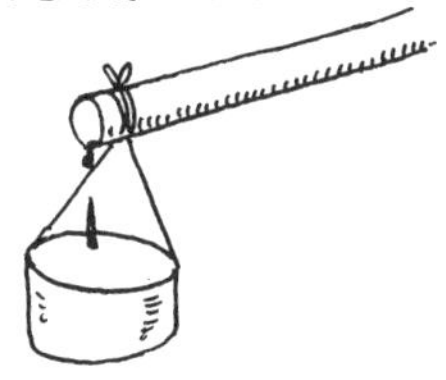

⑧精煉操作をする

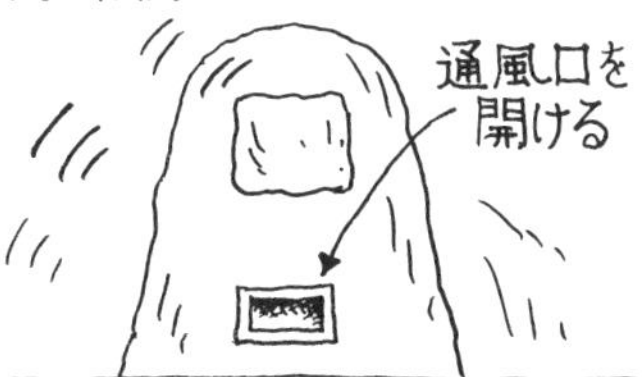

⑨窯止めをし、冷ます

⑩炭出しをする

◯手順① 障壁、焚き口をつくり、火を入れる

●障壁をつくると炭化が安定

焚き口の奥に耐火レンガなどを横に積み上げて障壁を築く。窯口付近の炭材は、火に接して灰になってしまいやすいが、この障壁を築くことにより、これをある程度防ぐことができる。切りそろえた太めの生木などを数本、障壁の位置に立てて障壁の代わりにする例も多い。

障壁も後述の焚き口同様、下のほうに通風口（精煉口）を開けておくこと。こうして焚き口と障壁の間にできた空間が燃焼室になる。

●焚き口をつくる

障壁付近までぎっしり炭材を詰めたら、火入れのための焚き口をつくる作業に取りかかる。

窯づくりで使用したのと同じ、石や耐火レンガを積み上げ、間に粘土を詰めて窯口をふさいでいく。このとき、下のほうに高さ一〇cm×横二〇cmほどの通風口をつくる。さらにその上に縦三〇cm×横三〇cmの燃材投入口を設け、ここから薪を投入していく。

●いよいよ火入れ

焚き口が完成したら、いよいよ火入れだ。燃材投入口に焚きつけ用の小枝や枯れ葉を入れておき、あらかじめ別の場所でおこした火を入れる。中で燃焼しているのが確認できたら、薪を二、三本ずつ次々と投入していく。

この時点で投入口を石、レンガ、トタンなどで狭める。ときどき中の様子をのぞくために、窯口の上部に小さな丸い穴を開けるが、普段は閉じておくこと。

窯の中が加熱されて一定温度になれば、炭材が熱分解して炭化が始まる。窯の内部では炭材から水分がどんどん抜け、まるでサウナのような状態になっている。煙突口から白い煙が勢いよく立ち昇ったら、それは炭化が始まったしるしである。

窯口に石を積み、焚き口と通風口をつくる

薪を次々と投入していく

小枝や薪などの燃材を用意

●手順② 通風口、煙突口、煙道口を調節

●煙道口の「引き」が肝心

一度ふさがれた窯の内部の様子は、直接見ることはできないが、煙突口から吹き上げる煙の色や温度を観察しながら、それぞれの口を調節して炭化の進み具合を調節することができる。

窯内では、天井のほうから窯底へと炭化が進んでいくが、炭化の速度は煙突口（もしくは煙道口）にかぶせた鉄板やレンガなどで、口の大きさを調節して行う。最初はほとんどふさいでしまうが、炭化が進むにつれ徐々に煙突口を開いていく。この開き方を「引き」といい、これ次第で炭の質が決まるといってもよい。煙道口の「引き」は、炭やきの腕の見せ所だ。

●煙突口の開き方

焚き口に火が入り、上げ木が乾燥し、水蒸気が出ると、煙突口から白い煙がもくもくと出る。このときの温度は七〇～七五℃。このとき、煙突口に鉄板などを置いて、煙の出口を狭める。

さらに口焚きを続けると、炭材の分解が始まり焦げくさい煙が勢いよく立ち昇る。このときの温度は八二～八三℃。炭材の熱分解が始まる。このとき窯口に開けた薪の投入口をふさぎ、下方の通風口だけを残しておく。

いったん煙突口をできるだけ開き、中の状態を安定させ、煙突口を狭めても煙の勢いが弱まらないようであれば、また徐々に狭めていく。決して極端に狭めたりしないように注意する。

炭化が進むに従って、煙の温度が上昇し、色は褐色を帯びてくる。煙の温度は九〇～一五〇℃。木酢臭が強くなり、煙の量は次第に少なくなっていく。この時期にゆっくり炭化することが必要なので、煙突口は再び狭めていく。二〇〇℃近くになると、タールの多い煙になり、色は白くなる。それから青色に変わり、温度は二三〇～三〇〇℃になる。

〔黒炭窯の炭化操作の一例〕

島根八名窯

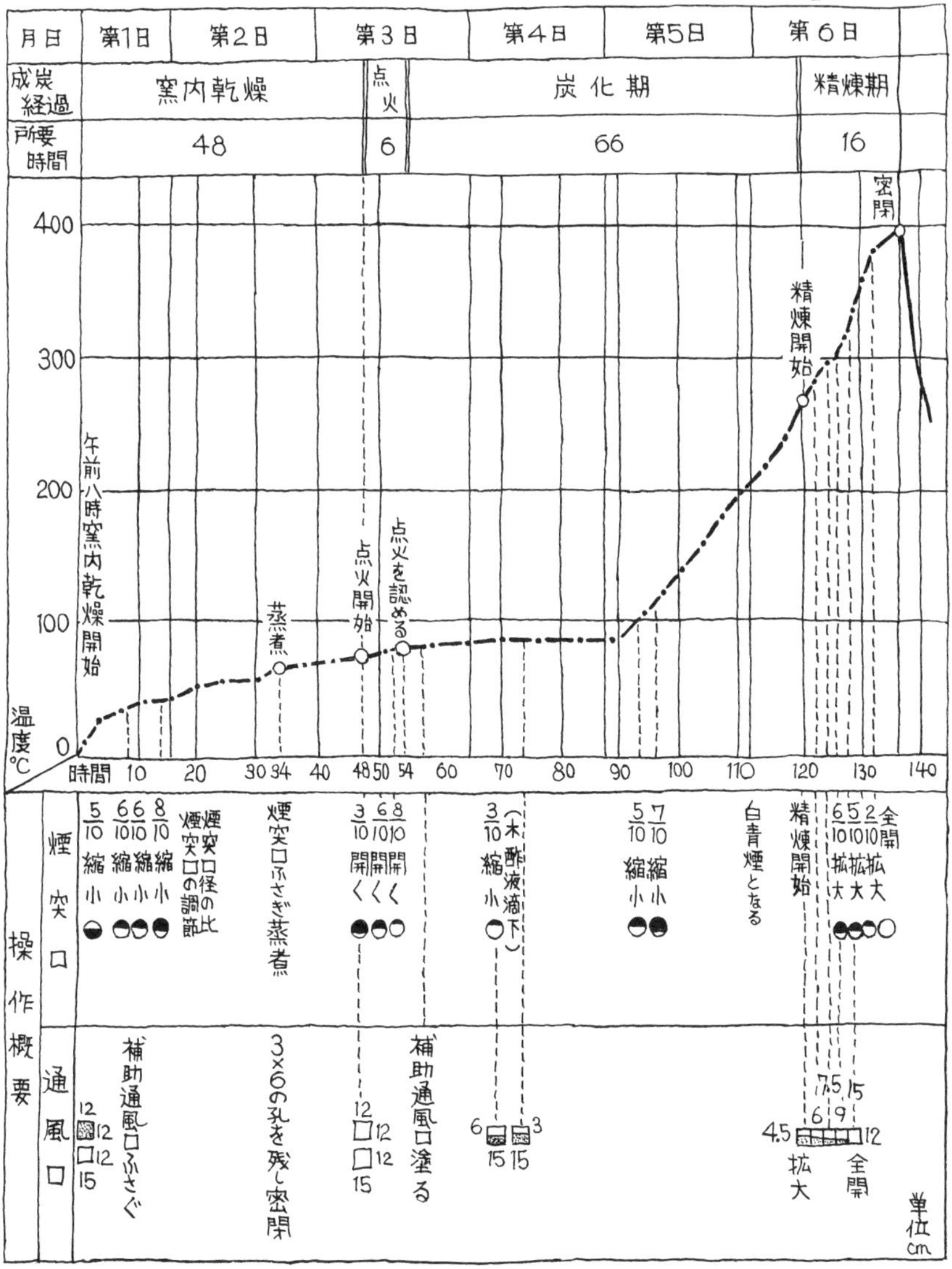

月日	第1日	第2日	第3日	第4日	第5日	第6日
成炭経過	窯内乾燥		点火 / 炭化期			精煉期
所要時間	48		6 / 66			16

温度℃　0　100　200　300　400

時間　10　20　30　34　40　48　50　54　60　70　80　90　100　110　120　130　140

午前八時窯内乾燥開始

蒸煮

点火開始

点火を認める

精煉開始

窑開

操作概要

煙突口

5/10縮小　6/10縮小　6/10縮小　8/10縮小

煙突口径の比　煙突口の調節

煙突口ふさぎ蒸煮

3/10開く　6/10開く　8/10開く

3/10縮小

（木酢液滴下）

5/10縮小　7/10縮小

白青煙となる

精煉開始

6/10拡大　5/10拡大　2/10拡大　全開

通風口

12　12　12　15

補助通風口ふさぐ

3×6の孔を残し密閉

12　12　12　15

補助通風口塗る

6　15　3　15

4.5　6　7.5　9　15　12

拡大　全開

単位cm

『有名木炭とその製法』（内田憲編、日本林業技術協会）より

●手順③ 木酢液採取と精煉、窯止め開始

●木酢液を採取する

木酢液が採取できる煙の温度は八〇〜一五〇℃が目安。煙道口から立ち昇る煙が、鼻をついて焦げくさくなり、真っ白な煙が勢いよく出てきたときが目印である。

煙に次第に黄褐色が混じり、煙の温度が一五〇℃以上に上昇したら、採取を中止する。炭やき終了まで採取を続けると、木タール分が多く混入するので注意すること。

水銀温度計は、煙突口より一〇cmほど下の所で測るようにする。煙突口は高温で熱いので、水銀温度計にひもをつけて煙突内に吊るすとよい。また、あらかじめ煙突の側面に穴を開けておいて水銀温度計を挿入して測る方法もある。

なお、八〇℃と一五〇℃を知らせる温度感知器も市販されていて便利だが、煙の色を見ても判断できる。

●木酢液の品質上の問題点

木酢液を採取する場合、品質上の問題となる点を参考までにいくつか上げておきたい。

まず、原料となる炭材の樹種が不明のものは要注意である。クスなど人や家畜に有害、もしくは有害のおそれのある樹木が存在するからである。つぎに、建築廃材を炭材にして採取したり、高温度（一五〇℃以上）で採取したりした木酢液にも、有害な物質が含まれていることもあるので注意が必要である。

●精煉操作と窯止め開始

煙が青色に変わり、温度が二三〇〜三〇〇℃になったら、一度狭めた煙道口と通風口を再び開け、精煉（ねらし。炭のガス分を抜く操作）に入る。青い煙が切れたところで再び窯止めをする。こういった精煉操作がうまくいくと、皮のかたい良質の炭がやき上がる。

木酢液採取の煙の温度は80〜150℃

木酢液冷却パイプ

木酢液を導く樋と容器

●手順④ 窯口を開けて炭出しをする

このとき、まだ窯の中に火が残っている場合がある。窯の中に入る前に、耳を済まして「パチパチ」という音が聞こえないかどうか確認する。

また、うれしさのあまり、あわてて窯の中に入るのも禁物。一酸化炭素中毒のおそれがあるので、外気を十分入れてから、ゆっくり入ろう。

●一晩かけてじっくり冷ます

やきたての炭は、外気に触れると、空気と水分を吸って安定する。だから、できた炭は土の上に重ねずに並べ、一晩かけて冷ますのがベスト。

万が一、火がまだ残っていると、空気に触れて吸湿し、温度が上がって約三五〇℃の発火点に達して、燃え始めるおそれがある。

手で触っても、熱さを感じないようになったら、袋などに入れて持ち帰る。粉炭や灰も捨てずに集めておこう。農業用の肥料などに活用できる。

●ゆっくり冷まそう

窯止めをしてから出炭までは、早くて三日。通常四～五日かかる。黒炭窯は土窯なので、中の熱が冷めにくい性質があり、徐々に温度を下げていくことが、良質の炭をつくる条件にもなる。

黒炭は軟質ガラスと同じで、分子が不規則なため、急速に冷ますと割れやすく、ヒビが入って砕けてしまう。せっかちにならずに、ゆっくり冷ますことを心がけよう。

●いよいよ炭出し

窯内の温度が一〇〇℃まで下がると、煙突口を閉じたまま、窯口を少しだけ開けても炭に火はつかない。このことを確認してから、外気を入れて窯内を冷まして炭出しをする。

耐火レンガと粘土で固めた窯口を、鉄製の釘抜きなどでこじ開けて突き崩す。すると、中からやき上がった炭があらわれる。

炭出しをする

窯口をこじ開け、突き崩す

みごとにやき上がった黒炭

●2 モデル黒炭窯づくりの資材・道具

●前もって用意する資材

本格的なモデル黒炭窯（奥行き二mの場合）をつくるので、予算をもとに計画的に資材を用意しておく。

耐火レンガ　一五〇〇個。窯壁と窯口を形づくるのに必要。

耐火用セメント（キャスタブル）　一三〇〇℃用を六〇袋。窯底ならびに天井に使用。さらに、セメント凝固剤を用意する。

合板　厚さ五㎜のものと九㎜のもの。各四枚。

断熱材　セラミックウール（イソフェルト）を六〜七ケース。基礎部や天井に敷き詰める。

鉄筋　太さ六㎜で、格子状に組み合わされたもので、加工が可能なもの。長さは窯のサイズに合わせる。

耐火モルタル　缶入りのものを六〜八缶。

ベニヤ板　型枠として使用する。

五〇㎜角材　数本用意する。

川砂　ドーム型の天井を形づくるために必要。

モウソウチク　二・五mぐらいのものを数本。排水溝として使用する。

川石　窯の前面のデコレーション用。

●作業に必要な道具

ワイヤーカッター、ノコギリまたはチェーンソー、シャベル、スコップ（数本）、木槌、セメント用のヘラ、軍手、ホウキ、釘抜きなど。

●炭やき窯の材料経費

［恩方一村逸品研究所のモデル黒炭窯の場合］

セメント　一袋一三六五円のものが六〇袋で八万一九〇〇円。

レンガ　一個一二六円のものが一五〇〇個で一八万九〇〇〇円。

その他の資材　全部で一〇万五〇〇〇円。

合計　三七万五九〇〇円

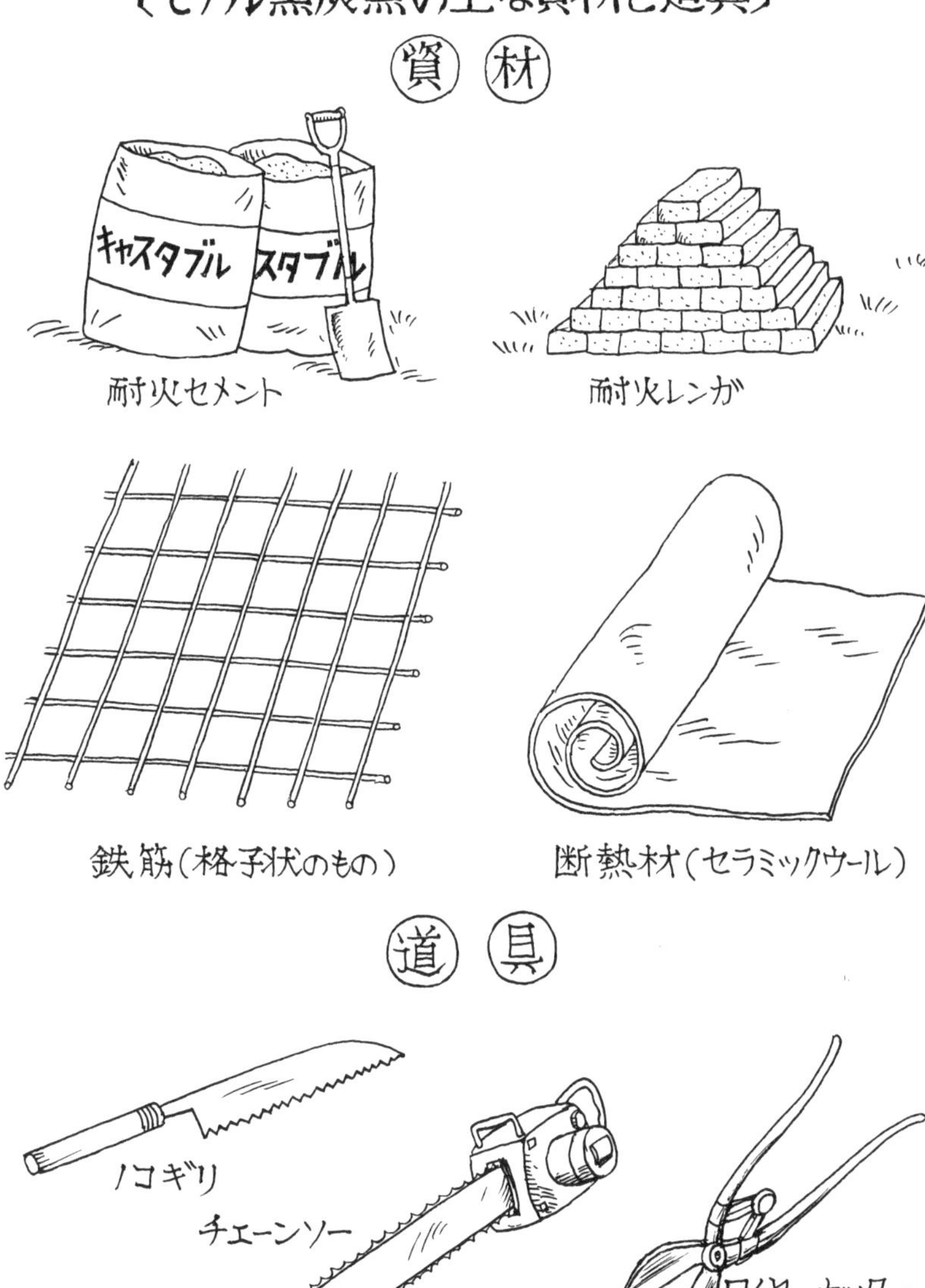
〔モデル黒炭窯の主な資材と道具〕
資材
キャスタブル
スタブル
耐火セメント
耐火レンガ
鉄筋（格子状のもの）
断熱材（セラミックウール）
道具
ノコギリ
チェーンソー
ワイヤーカッター

○モデル黒炭窯づくりの主な工程①〜⑤

●タイムスケジュールと手順

［一日目・整地と基礎づくり］

一日目は、窯を設置する場所から土を運び出し、窯底を平らに整地する基礎工事に徹する。

①整地し、排水溝を設置して窯底を平らにならす。

［二日目・窯底をつくり、レンガを積む］

二日目は窯底をつくり、レンガを積み上げ、乾燥させる。

②セメントで窯底をつくる。

③窯壁のレンガを積み重ねる。

［三日目・天井をのせて完成］

午前中に天井と窯口工事を完了させる。

④土台を盛り上げ、天井をつくる。

⑤窯口をつくって仕上げる。

なお、炭のやき方は標準黒炭窯と同じ要領でおこなう。

●モデル黒炭窯づくりの工程

この窯の設営には、最低でも三日間を要する。

一日目は窯場を整地し、排水溝をつくり、窯底をならす作業にあてる。

二日目はいよいよ窯本体の加工に取りかかる。午前中に人海戦術で窯壁のレンガを積み上げ、午後は窯底に打ったセメントの乾燥にあてる。

三日目は天井と窯口を完成させるというペース配分。資材の運び込みやレンガ積みなど人手のいる作業は、メンバーが協力して行うようにしよう。

セメントの乾燥の待ち時間を利用して、バーベキューをするなど、交遊を深める時間にあてるとよい。また、窯の完成一週間後に炭やきを予定しているなら、細かい作業を担当者に任せ、残ったメンバーは炭材の切り出しや長さを切りそろえるなど、炭やきの準備を進めてもよいだろう。

〔モデル黒炭窯づくりの主な工程〕

①窯場を決める

②整地し、排水溝を設置する

③セメントで窯底をつくる

④レンガを積む

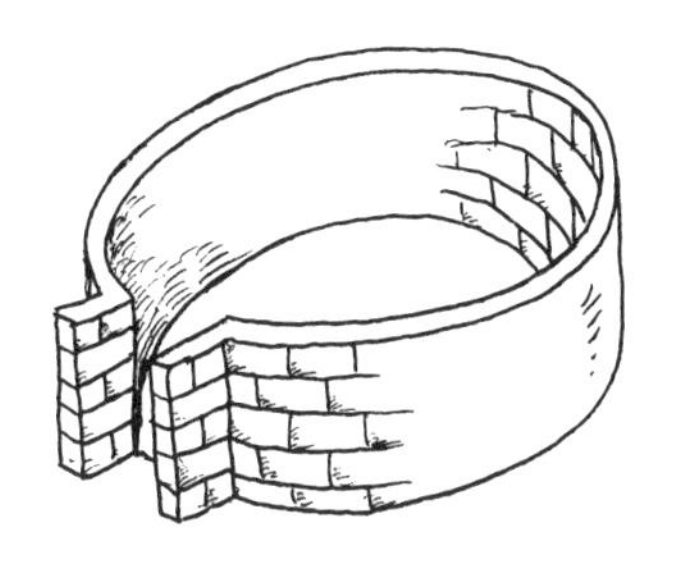

⑤ドーム型の天井をつくる

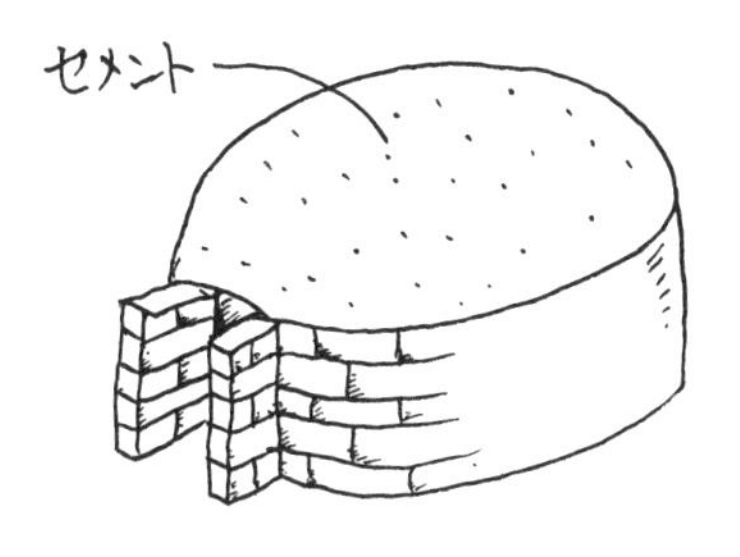

⑥窯口をつくり、仕上げる

工程① 整地し、排水溝を設置する

●山の斜面の土を運び出す

窯の場所が決まり、材料がそろったら、早速窯場の整地に取りかかろう。完成後は見えないが、重要な部分なので、作業は丁寧に行うこと。

窯の向きは、窯口に向かい風が吹き込むように設置する。

山の斜面に築く場合は、後方の高い部分を切り崩し、前方を平らに埋め立てていくと作業が進めやすい。

●排水溝の役目

整地が完了したら、排水溝を設置する。

炭をやいているとき、炭材から出た水蒸気は煙道内で冷やされて水になり、底にたまってしまう。その水が窯の中に逆流すると、窯底の温度がなかなか上がらず、全体に熱が行き渡らなくなり、やき上がりにムラができる原因となる。これを防ぐのが排水溝の役目である。あらかじめ土台の下に溝をつくっておくことにより、窯底や煙道に垂れてきた水を集めて外へ出すことができる。

窯の外側からは見えないが、良質な炭をやくために欠かせないものだ。

●排水溝工事の工程

①平らにならした地面の中央部分、縦方向に幅四〇cm、深さ四〇cmほど掘って、溝をつくる。

②竹を二つに割り、中の節を取り除き、長さ二・五mほどの樋を数本つくる。

③溝いっぱいに❷の竹を埋め込んでいく。

④埋めた竹の上に土をかぶせ、その上に割栗石（わりぐりいし）(小ぶりの割石)をのせてしっかりと固める。

⑤さらに、❹の上から土をかぶせ、重い丸太などを使って打ち締めていく。

⑥煙道の根元に短い竹筒を埋め、隙間に割栗石を埋め込み、水を排水溝へ流す道筋をつくる。

〔排水溝の工事〕

①中央に溝を掘る

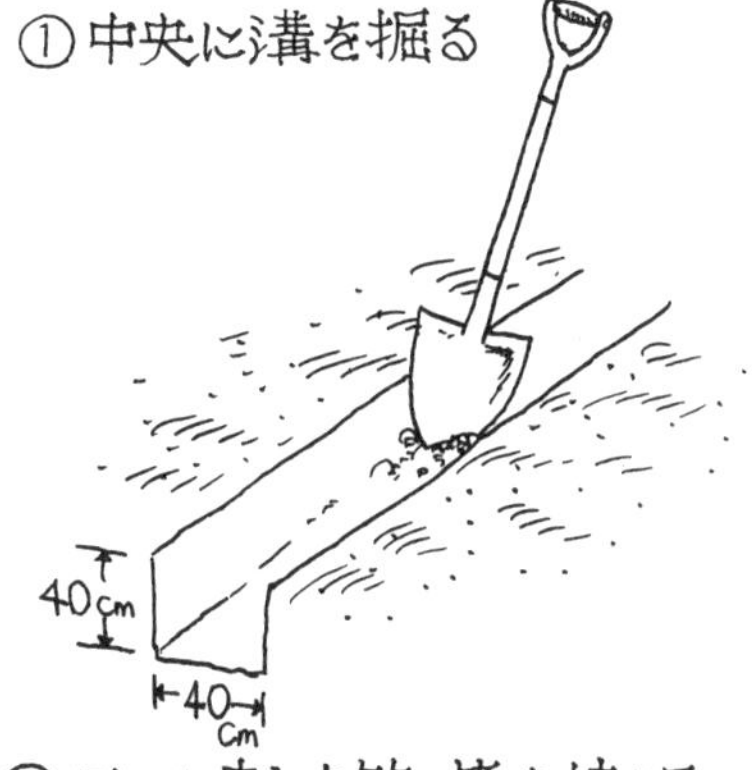

②二つに割った竹の節を抜いて樋をつくる

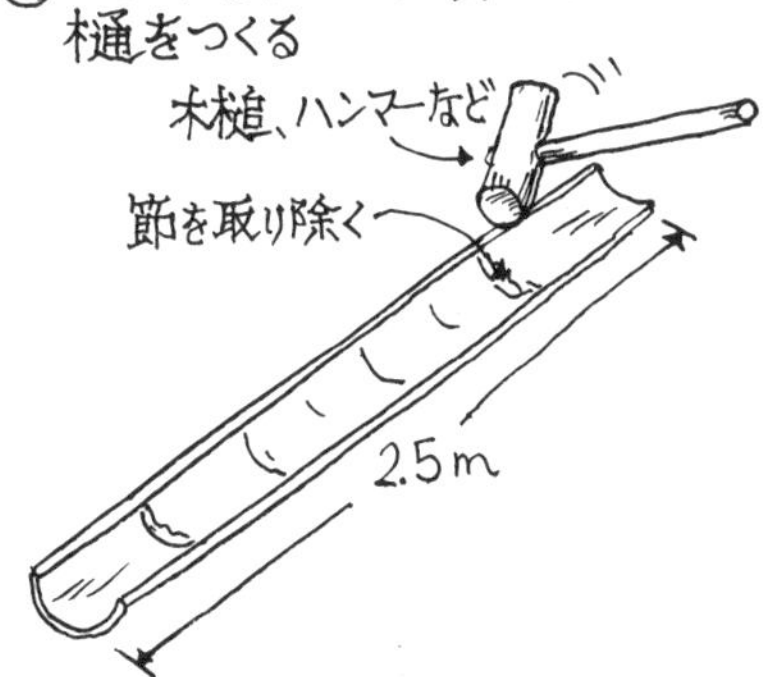

③溝いっぱいに②の竹を埋める

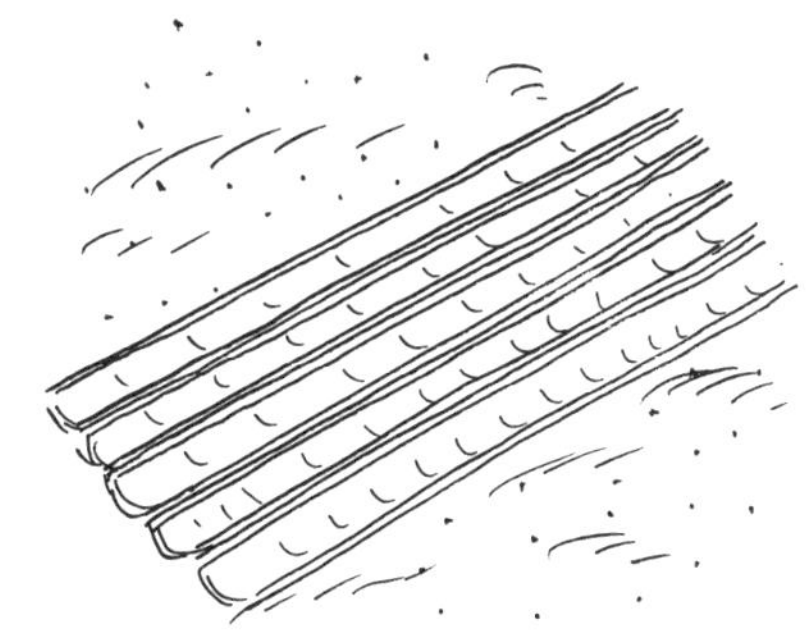

④土をかぶせ、さらに割栗石をのせてしっかり固める

⑤土をかぶせ、さらに打ち締める

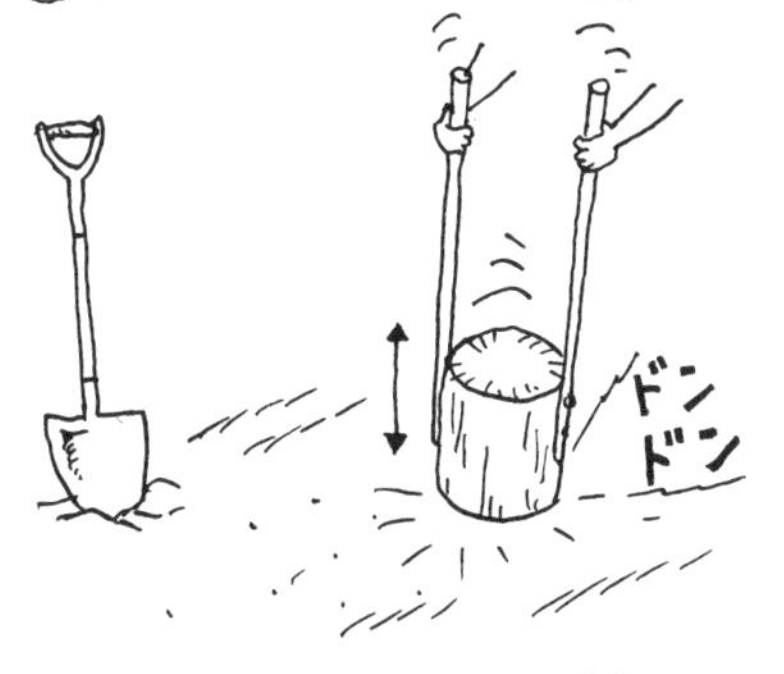

⑥煙道の根元に短い竹筒を埋める

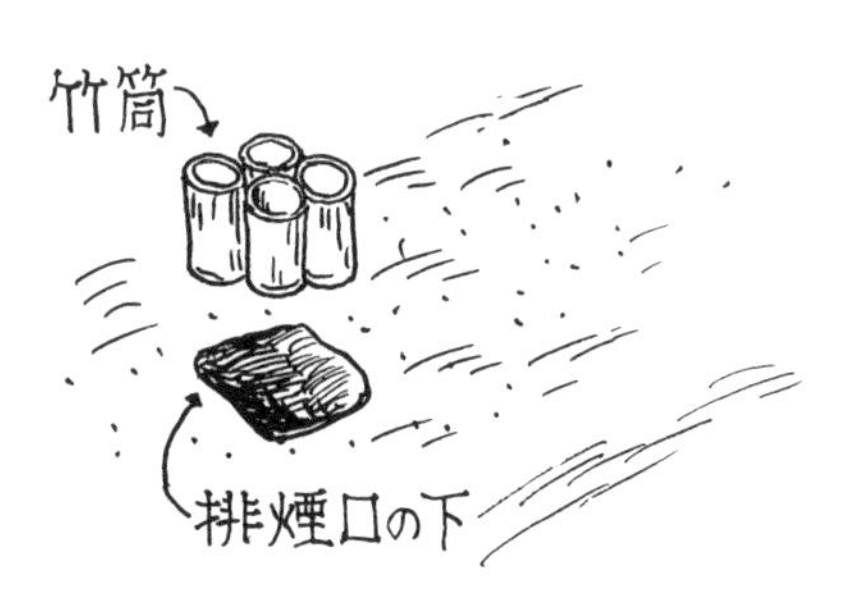

●工程② セメントで窯底をつくる

●耐火レンガを並べ、窯の大きさを確認

窯の壁面を形づくる耐火レンガ。レンガは窯づくりの最も重要な材料である。奥行き二mの一つの窯に一五〇〇個ほど使用する。資材置き場から作業場所まで列をつくり、みんなでバケツリレーの要領で運び上げる。こうした作業は、みんなの心を一つにしてくれる。

ここで、窯の平面図を確認する。平らにならした地面の実際に窯を設置する場所に耐火レンガを並べ、このくらいの大きさになるだろうという目安を描く。美しい卵形のラインに合わせて、ベニヤ板で窯底の枠組みをつくる。

●まずはセメントを用意

窯底に使用するのは「キャスタブル」と呼ばれる耐火用セメント。一三〇〇℃の高温にも耐えられるもので、天井分を含めて六〇袋ほど必要になる。窯底には二度に分けて使うので、そのつど使う分だけをセメント凝固剤でこねるようにする。

●窯底づくりの工程

①窯底全体を叩いて締める。

②窯底にセメントを打つ。均一の厚さに伸ばすのはなかなか大変だが、慣れない手つきでも時間をかけてゆっくりやればうまくいく。

③❷のセメントが固まったら、その上にセラミックウールを敷き詰める。窯の中の熱をできるだけ外へ逃がさないために必要なものだ。

④太さ六㎜の鉄筋を格子状に組み、型どおりに切断して敷き詰める。

⑤その上から再びセメントを打ち、乾かす。こうして窯底が完成する。

炭材が窯底に接する部分は、温度が上がりにくく、完全に炭にならないことがある。セラミックウールを埋め込むのは、熱が逃げないようにするために欠かせない作業である。

〔窯底のつくり方〕

①窯底にセメントを打つ

②セラミックウールを敷き詰める

③格子状に組んだ鉄筋を敷き詰める

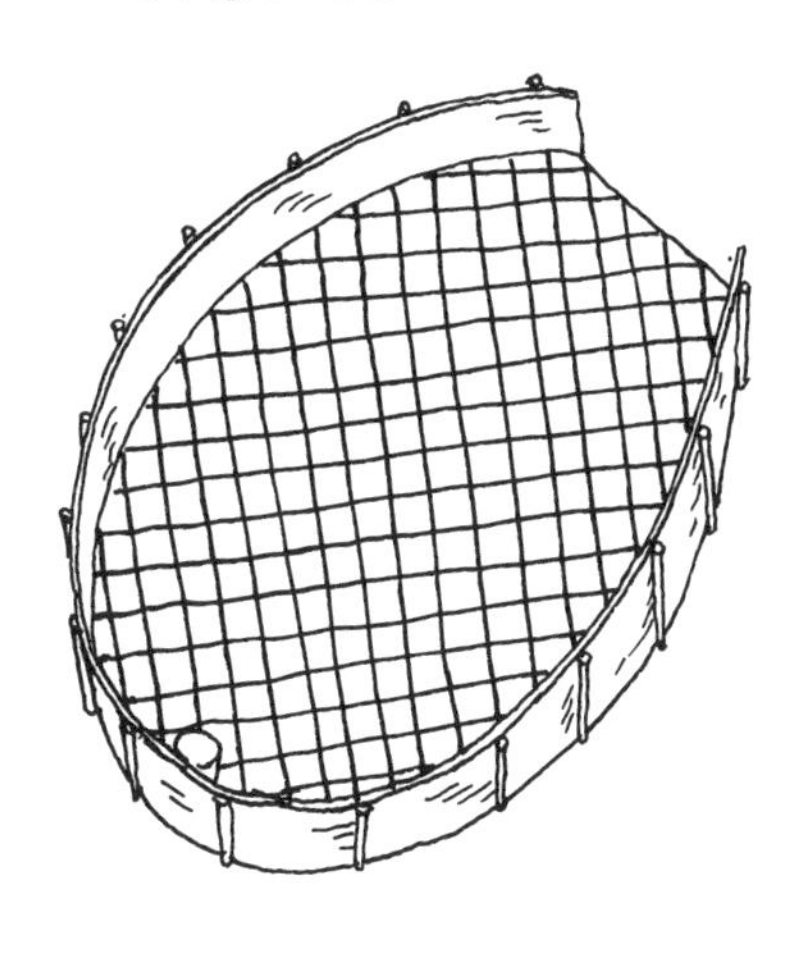

④再びセメントを打ち、乾かす

●工程③ 窯壁のレンガを積み重ねる

●煙道の型を用意する

レンガ積みの作業に取りかかる前に、煙道の型を用意しておこう。

厚手の合板を用いて、あらかじめつくっておくと、レンガ積みの作業工程がスムーズになる。

煙道の長さは、煙道口が窯の天井までの高さより約八〇cm下の高さにしておく。煙道は下部を太く、上部を細くしておくとよい。煙道口の上に煙突として上塗りした約八〇cm高さの土管（直径二〇cm）を取りつける。

●窯壁のレンガを積み重ねていく

いよいよ、窯壁のレンガ積みの作業に取りかかる。全体で耐火レンガ約一五〇〇個を用意する。

耐火モルタルを六～八缶用意し、レンガ一個一個に約五mmの厚さになるように塗りつけ、隙間もモルタルで埋めていく。この作業もみんなで協力して行う。

［レンガを積む工程］

①あらかじめ用意した煙道の型枠を、窯の最後部の煙道口の場所を考えて取りつける。

②窯底の上にベニヤ板でつくった窯の内側の型枠を敷く。

③耐火レンガにたっぷりとモルタルを塗り、型枠に沿って並べていく。レンガの短いほうの面を窯の内側に向け、放射状に並べるようにする。

一段目が全体の基礎になる。隙間ができないようにしっかり並べよう。あくまでも水平を保つように注意すること。

④三段目を積むまでの間に窯の最後部に排煙口をつくる。ここが煙道につながるようにする。

⑤❸と同じ要領で、一五段まで積み上げる。

⑥一段ずつレンガを積み上げながら、煙道のまわりをレンガで囲み、がっしりと固定する。

こうして窯壁が完成する。

〔壁面にレンガを積む工程〕

①煙道を煙道口に取りつける

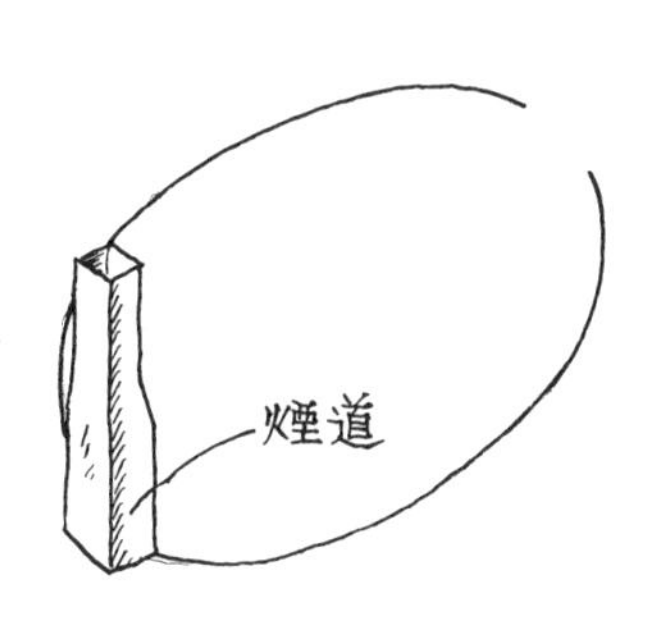

②ベニヤ板の型枠を置く

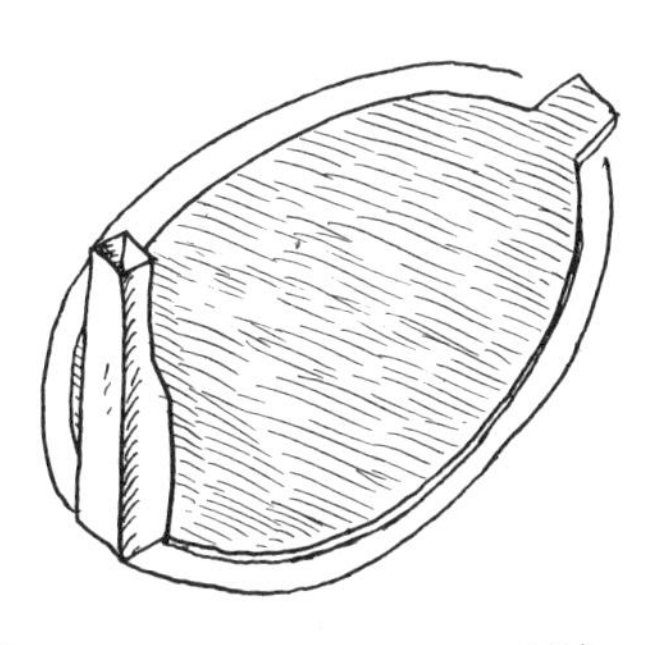

③耐火レンガにモルタルを塗り
型枠に沿って並べていく

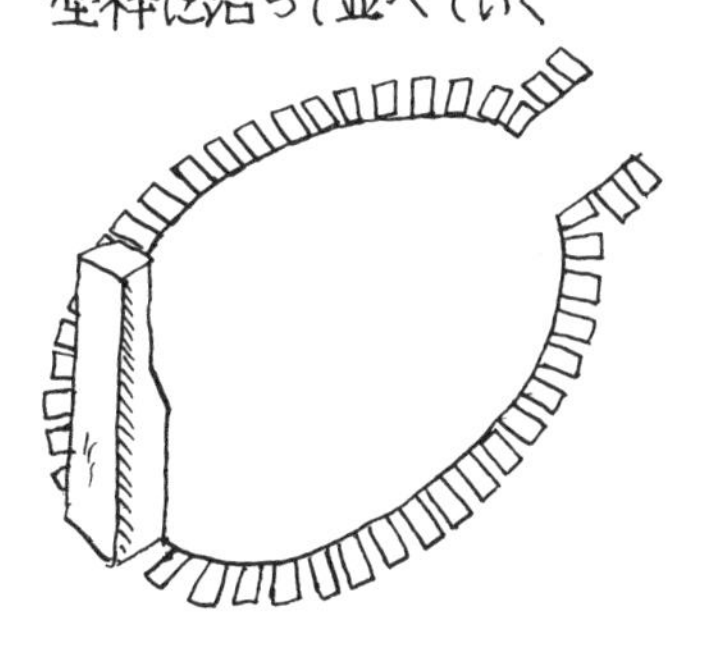

④排煙口をつくる

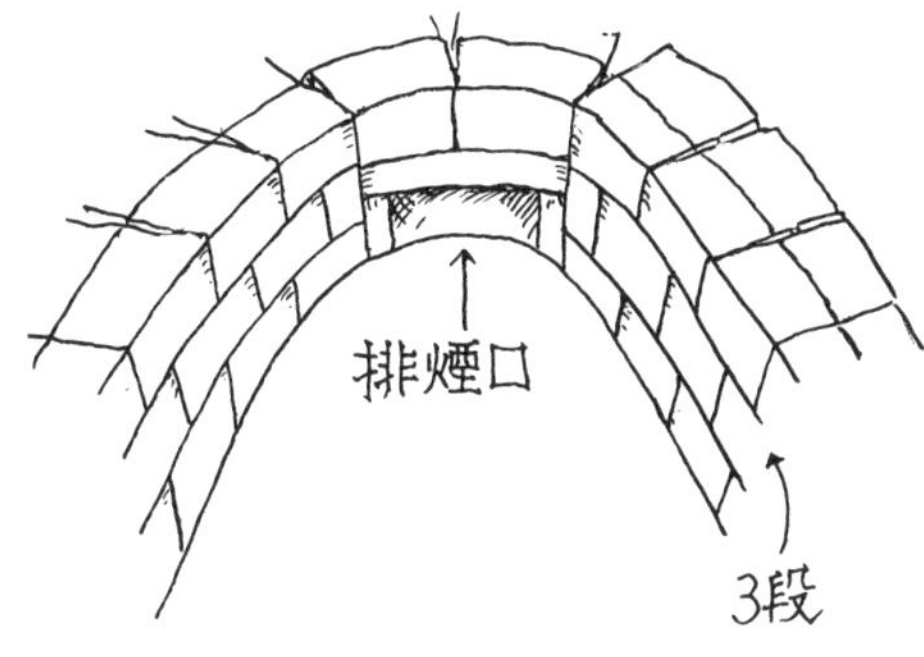

⑤レンガを15段まで積み上げる

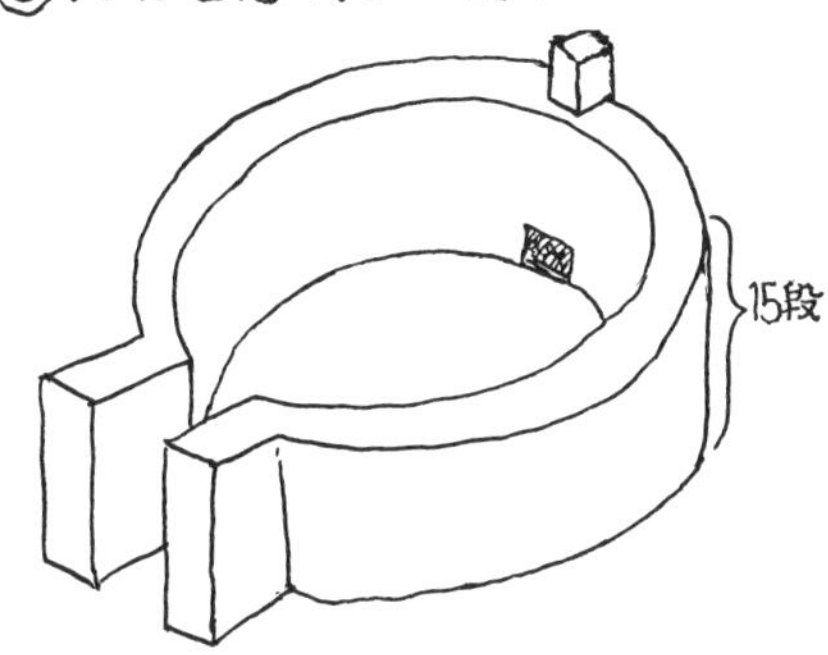

⑥煙道のまわりをレンガで固定する

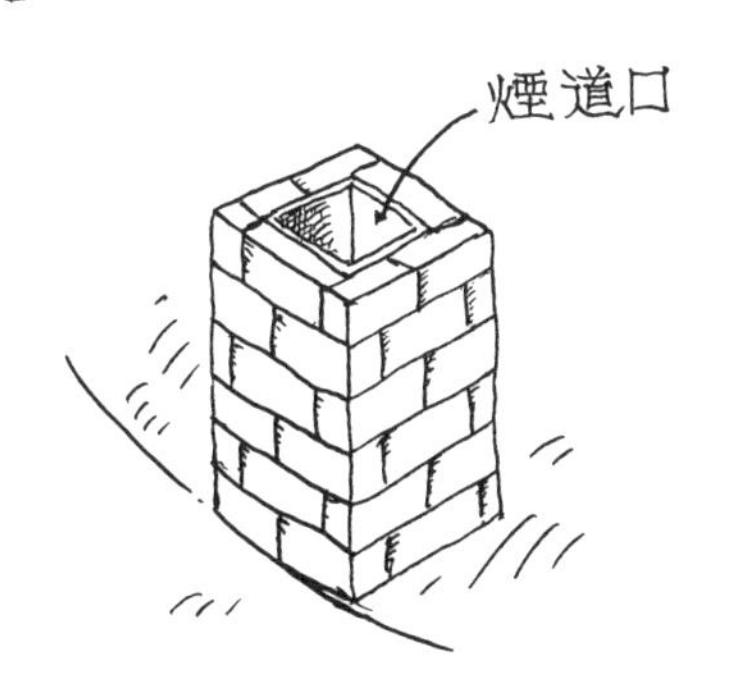

●工程④ 土台を盛り上げ、天井をつくる

●砂を盛って型をつくる

天井づくりの目標は、なだらかなカーブを描いたドーム型。これをつくるためには、まず窯壁の高さから上に砂を盛る作業から始める。

なお、①～③は天井のセメントが乾いてから取りはずす。

①足場を固める。まず、窯壁と同じ高さの丸太(ひもを巻きつけ、窯口まで伸ばしておくと、あとではずすときに容易)を数本用意し、窯の中に立てる。その上からベニヤ板でつくった窯の型枠をのせて固定する。

②砂で土台をつくる。ベニヤ板の上に砂をかぶせて土台をつくる。全体にすっぽりとかぶせ、真ん中を小高く盛り上げよう。天井の頂点になる部分に目盛りをつけた棒を立て、そこを基準にする。板切れなどを使って砂をならしていく。

前から見ると真ん中だが、横から見ると前から六分四分の所が頂部になっているかどうか、何度も確認しながら作業を進めよう。

③濡れた新聞紙と段ボールをかぶせる。砂で天井の形が決まったら、その上に水で濡らした新聞紙を表面にかぶせていく。これはその上に打つセメントが土にくっつかないようにするため。

●セメント打ちと仕上げ

セメント打ちの要領は、すでに窯底づくりで体験ずみ。今度は天井なので、均一な厚さで丸くなだらかになるように注意しよう。

④全面を厚さ二cmほどのセメントでおおう。

⑤乾いたら、窯底同様、太さ六mmの鉄筋を格子状に組んだものをのせ、天井の形に合わせて重ねる。これが天井の構造を支える骨となる。

⑥その上からセメントを三～七cmの厚さで打つ。滑らかに、均一な厚さになるように注意。セメントがしっかり固まったら、天井の完成。

〔天井のつくり方〕

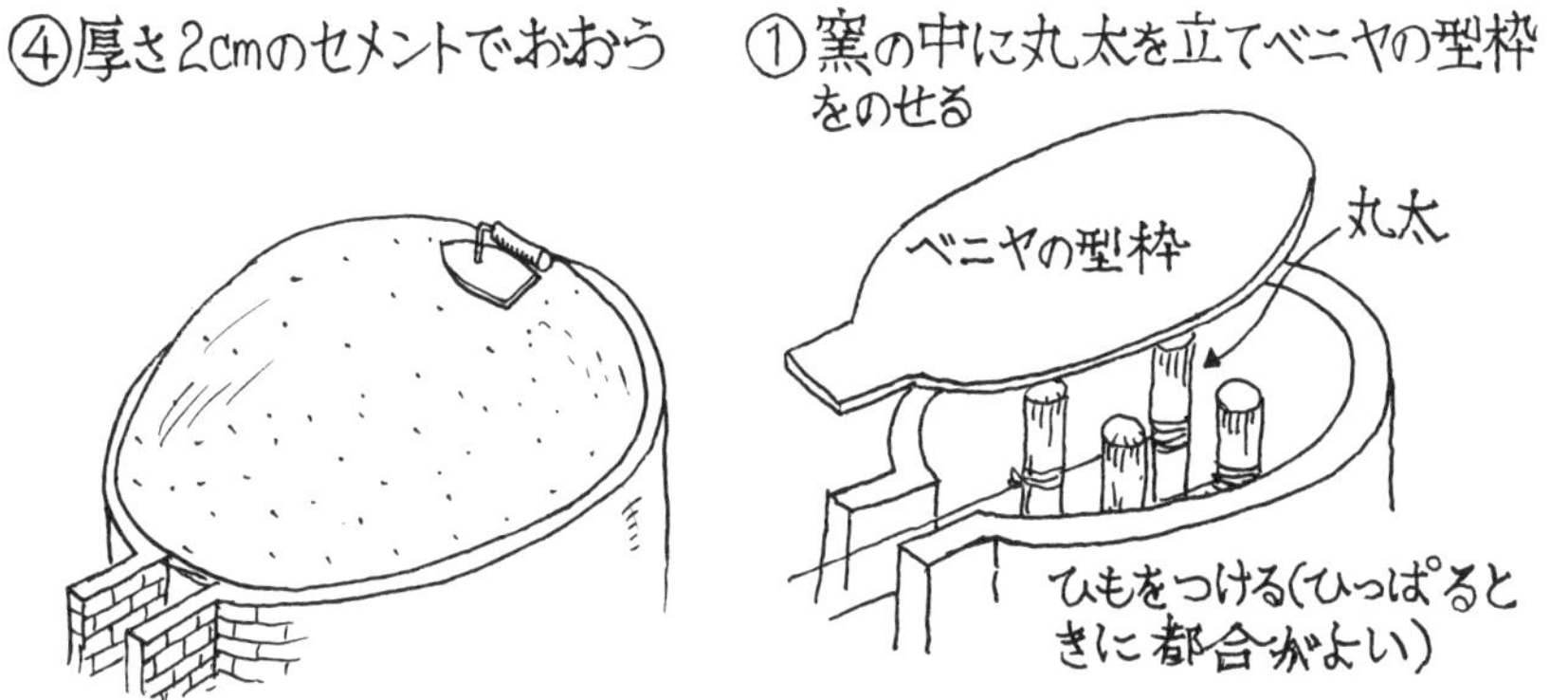
①窯の中に丸太を立てベニヤの型枠をのせる
ベニヤの型枠
丸太
ひもをつける（ひっぱるときに都合がよい）

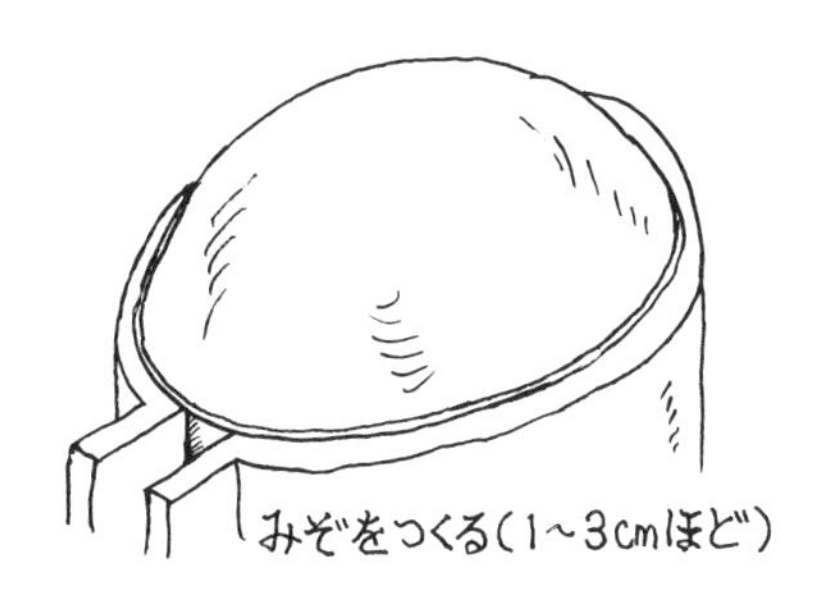
②土をかぶせて中央を小高く盛る
みぞをつくる（1～3cmほど）

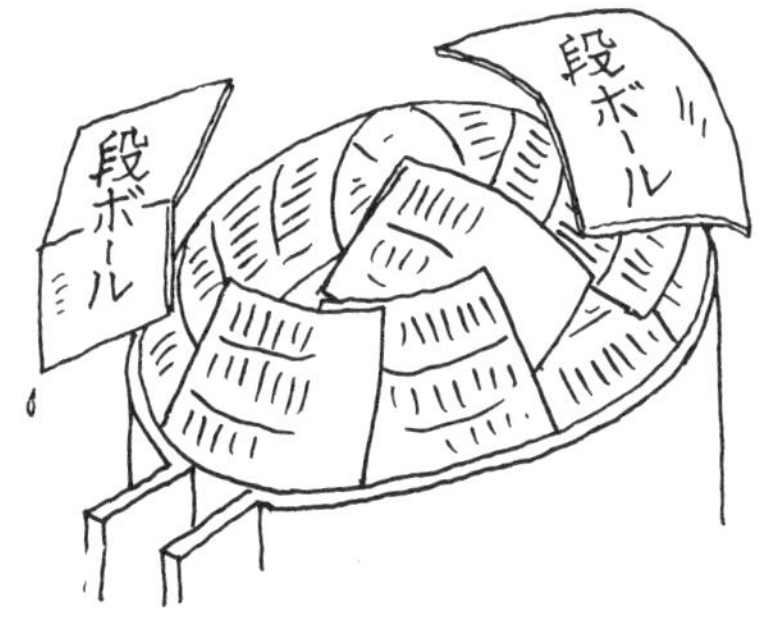
③濡れ新聞紙と濡れ段ボールを
段ボール
段ボール

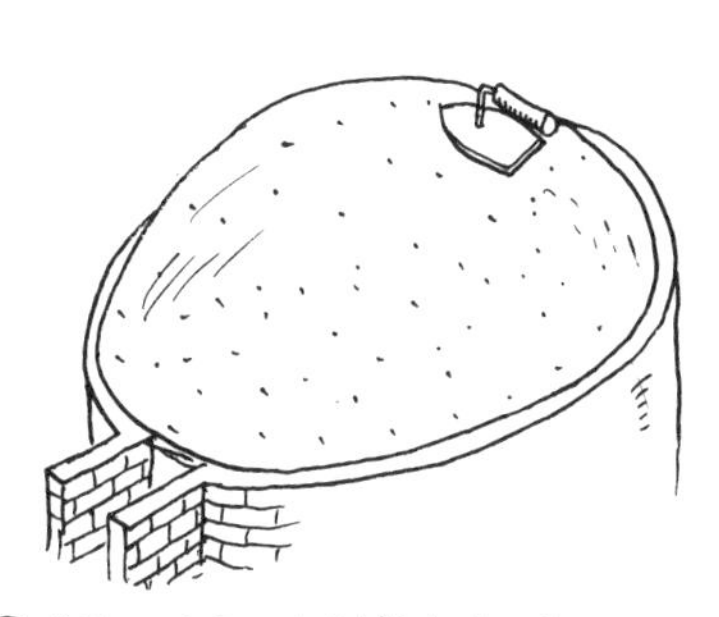
④厚さ2cmのセメントでおおう

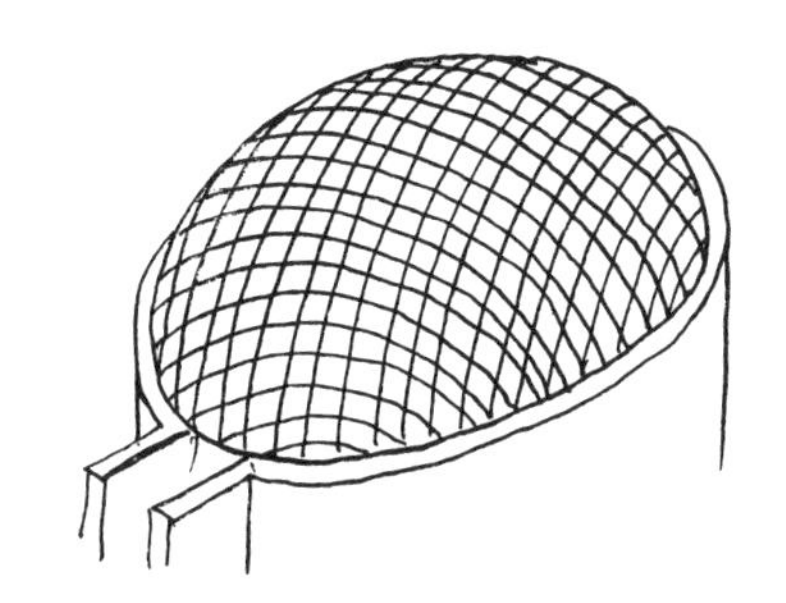
⑤格子状の鉄筋をかぶせる

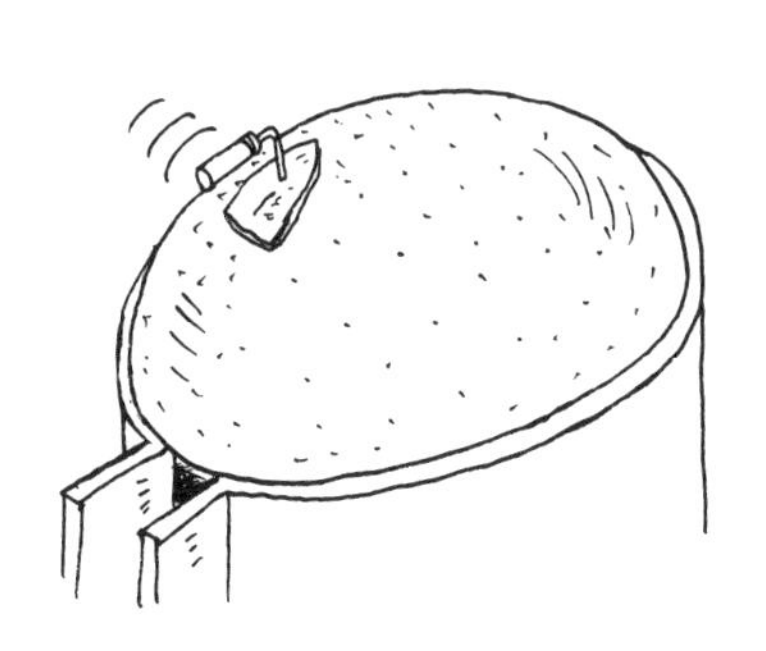
⑥再びセメントを打つ

工程⑤ 窯口をつくって仕上げる

●窯口をつくる

窯本体ができ上がったら、最後は窯口のまわりをレンガや川石などでお洒落にデコレート。窯の「顔」を決める大事な作業だ。

［窯のまわりをおおう］

完成した窯のまわりを、セラミックウールでおおい、そのまわりを土でおおう。これは窯の中の熱を逃がさないための心配り。

［窯口のデコレーション］

外観のポイントとなる窯口を耐火レンガや川石などで装飾を施そう。

窯口の両側は、近くの川から手ごろな大きさの石を拾ってきてバランスよく窯口に並べ、セメントで固めていく。

窯の入り口は、耐火レンガでアーチを描く。レンガのストレートなラインと、川石でつくった自然なフォルムが相まって、重厚な風格が漂う。

●仕上げの作業

天井のセメントが乾燥したら、窯の中に残っている丸太の柱やベニヤ板、型づくりに用いた砂、新聞紙を取りはずして外に出す。こうして、ようやく窯内部の空間が姿をあらわす。

窯底づくりから始めて、最短で三日間の工程。完全に窯の天井が乾くまでは一週間ほど待ち、それから火を入れることができる。

●窯全体を屋根でおおう

完成した黒炭窯が雨ざらしだと窯の寿命を縮めるもととなり、窯全体が湿って温度も上がりにくくなる。窯ができ上がったら、風雨をしのぐためにも、ぜひ屋根をかけよう。

ちなみに恩方の炭やき塾では、丸太の風合いを生かした、古代風の屋根をかけている。窯の様相と合わせて、屋根のデザインにもひとくふう施し、その土地ならではの風情を楽しんでみたい。

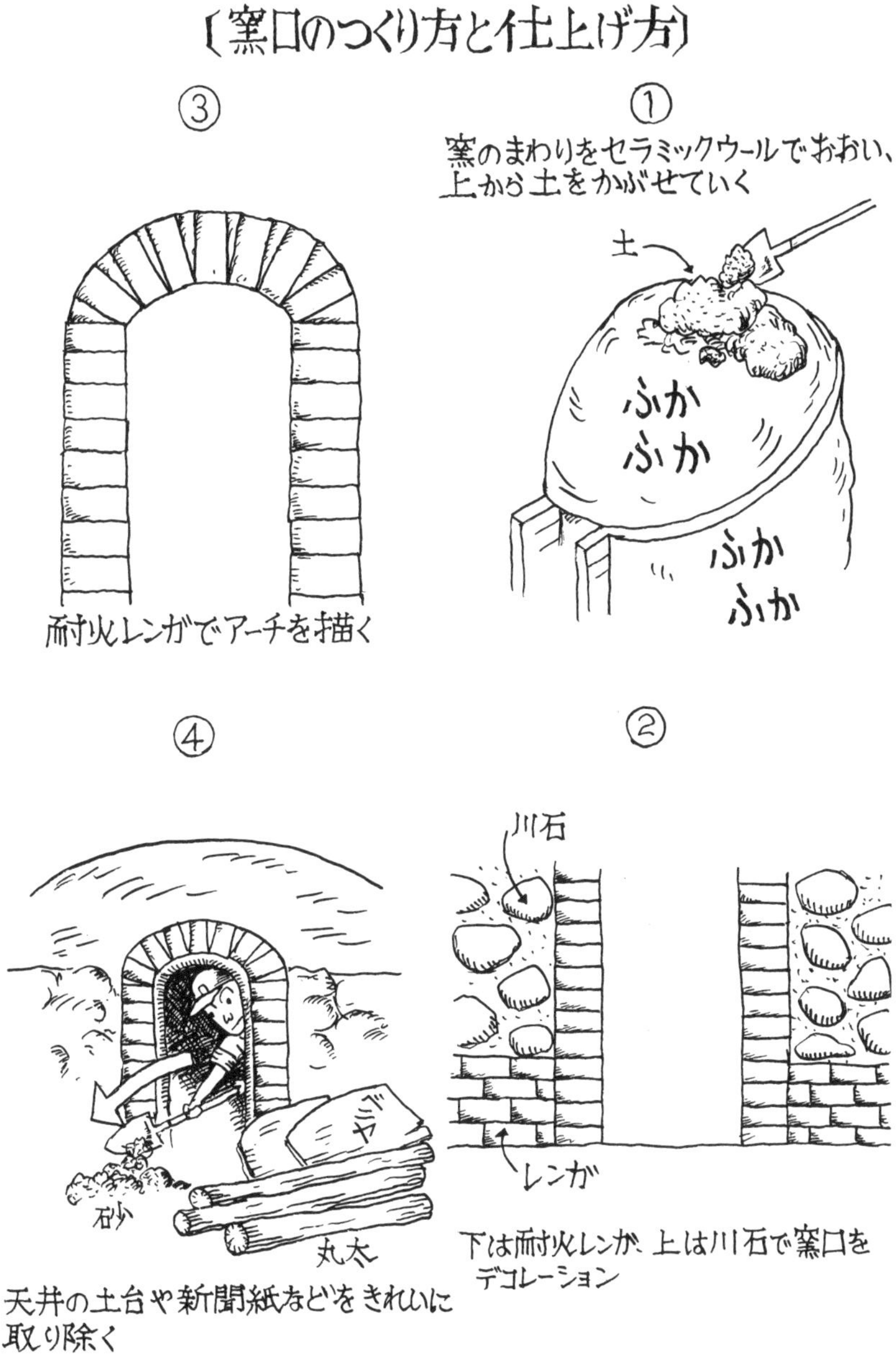

〔窯口のつくり方と仕上げ方〕

①

窯のまわりをセラミックウールでおおい、
上から土をかぶせていく

土

ふか
ふか

ふか
ふか

②

川石

レンガ

下は耐火レンガ、上は川石で窯口を
デコレーション

③

耐火レンガでアーチを描く

④

ジャ

砂

丸太

天井の土台や新聞紙などをきれいに
取り除く

◆地域発・炭やきムーブメント①

四万十の炭(高知県・JA高知はた十川支所)

四万十(しまんと)川中流域にある人口四〇〇〇人弱の高知県十和(とおわ)村は、山林が九割以上を占める山間地である。ここでは「清流四万十川」に抱かれた好イメージを炭の商品名に利用し、「四万十の炭」として販売し好評を博している。

JA高知はた十川支所(旧JA十川)管内では、生産者三〇人ほどが炭やきに従事し、JAに炭を出荷している。安い外国産に押されて売れ行きが鈍ってきたため、同JAでは一九九三年に燃料用以外の用途目的で、浄水・炊飯・空気清浄用の炭と風呂用の炭である「四万十の炭」と木酢液を発売した。

一九九四年は、前年の米凶作の影響で米不足。なじみのない輸入米をおいしく食べる方法として、炭を炊飯釜に入れて炊く方法がマスコミに取り上げられた。同JAの炭製品もこの時期、朝のテレビ番組で紹介され、それまで月平均一〇〇〇個の出荷だったのが、放映された月だけで一万五〇〇〇個も売れる異常事態(?)。ほぼ一年分の販売に相当した。

ブームはひいたが、つくり手のほうでは現在も地道な取り組みは変わらない。「四万十の炭」として一般向きに風呂用とともに販売するほか、ブランド名はつけていないが、外食用、業務用などで販路拡大を図っている。

その一つがクヌギの炭。シイタケの原木用に造林されているクヌギをやいて茶の湯炭として販売。このほか、カシ炭は燃焼時間がほどよく、はぜることがないために、主に焼き肉店など業務用に販売。また、通称「雑一級」の炭は水産会社(カツオの叩き用)に出荷している。

一九九六年には、四万十川下流域、中村市の赤鉄橋(四万十川橋)近くで水質浄化のために、トラック一台分約六tの炭を川に入れ、炭が環境保全に役立つという面でも大いにアピール。

さらに、高知県の補助事業で三年間、新築の家屋に床下調湿材として木炭を用いる実験事業をした。データをもとに調湿炭としての販売も強化していく意向である。

第3章

高温の白炭窯をつくって炭をやく

吉田窯(秋田市)から真っ赤な炭をかき出す

●白炭窯の主な種類と特徴

●高温に耐える白炭窯

白炭窯は一〇〇〇℃を超える高温に達するので、耐火性の強い石やレンガで築く必要があり、天井にも耐火性に優れた粘土を使わないと、やけ落ちてしまう。最後に炭をかき出して消火するので、黒炭窯に比べて奥行きが浅く、窯口が広くかき出しやすい構造になっている。したがって大型の窯をつくることは難しく、炭化室の全長が六尺（約一・八m）前後のものが一般的で、かき出しやすい巾着型が多い。

白炭窯には、「日窯」と呼ばれる小型の白炭窯が多い。これは一日で火をつけ、一晩で炭化をして翌日ねらし（精煉）をかけて出炭。まだ窯に熱が残っているうちに、次の炭材を詰め込むという手法である。また、白炭窯には、大きく分けて備長炭のようにカシをやく窯と、吉田窯、新信濃窯のようにナラをやく窯がある。以下、代表的な白炭窯をいくつか紹介しよう。

●吉田窯

吉田式白炭窯は、大正時代、福島県石城郡上遠野村（現在のいわき市）の吉田頼秋氏によってつくられた。その後、部分的に改良が加えられ、秋田県を中心に東北地方全域に普及した。六尺窯の場合、奥行き約一・八m（六尺）、最大横幅約一・六m、窯壁の高さ一・三〜一・四m。窯奥に向かって約一一cmの傾斜がある。

●新信濃窯

新信濃窯は一九三九（昭和十四）年、長野県林務部の技師・遠山義一氏が考案したもの。六尺窯では、奥行き約一・八m（六尺）、最大横幅約一・六m、窯壁の高さ約一m。窯奥に向かって約九cmの下り勾配がある。

●兵庫窯

兵庫県では昭和初期に、三宝式、只式、谷淵式

紀州備長炭の精煉
（和歌山県日置川町）

の三つの様式の白炭窯が使われていたが、一九三六（昭和十一）年、この三様式それぞれの長所を生かした総合標準窯が考案された。それが兵庫窯である。一般的な六尺五寸窯の場合、奥行き約二m（六尺五寸）、最大横幅約一・五m、窯壁の高さ約一・二m。縦長の窯型が特徴的だ。

●備長窯

近ごろは、ウナギの蒲焼きや焼き鳥の店の前で「紀州備長炭使用店」という看板を見かけることが多くなった。この備長炭は、ウバメガシを炭材とした白炭で、和歌山県田辺市周辺を中心にやかれている。備長窯は元禄年間にこの地の住人備後屋長右衛門が創案したといわれている。

紀州は古くから白炭の産地として知られ、良質の炭材と耐火性の強い岩石、粘土に恵まれている。備長窯は奥行き約二・六m、最大横幅約二m、窯壁の高さ約二mが標準的なサイズで、上から見るとイチジクのような形をしている。炭をかき出しやすいように、窯口は広く開いている。排煙口と煙道口が小さく、炭化がゆっくり進む構造になっているのが特徴。

●横詰備長窯

炭材を横向きに詰めてやく独特の製法で、高知県を中心に、四国、中国、九州地方でも行われている。横詰めにすると、炭化中に炭材そのものの重みで隙間がなくなり、効率的にやけるという利点がある。窯は奥行き約三・八m、最大横幅約三・六m、窯壁の高さ約一・五mと、かなり大型である。一般の白炭窯が奥行き約一・八m（六尺）で六〜七俵ほどの出炭量なのにたいし、こちらは一回に六〇〜八〇俵もの出炭量がある。

●白炭窯づくりの資材・道具

●高温に耐える石と土を使う

一般に白炭窯づくりは難しいといわれる。窯の温度が一〇〇〇℃を超えるので、窯壁には耐火性のある石、または耐火レンガを用いる。

天井を粘土でつくる場合は、耐火性のあるものでなければやけ落ちてしまうので、石組みをしてつくることが多い。

この石組みの作業は素人では難しいので、プロの炭やき師につくってもらうほうがよいだろう。また、石の代わりに耐火レンガと耐火モルタルを使う方法もある。

●窯土、石の選び方

窯土には、礫（れき）二〇％、砂四〇％、粘土三〇～四〇％の割合で混ざっているものが理想的。黒みを帯びていない粘質性の土で、砂や砂利を含んでいるものがよい。

土に雲母（うんも）が混じっていると熱するにつれ目減りし、腐植土の混じった土は加熱すると崩れるおそれがあるので避けること。

窯口や排煙口など、窯の要所には岩石が必要となるが、その耐火性を見分けるには、一度やいてみるとよい。

強く熱しても破裂したり、ヒビが入ったり、割れたりしないもの、さらにそれを水に投じても壊れないものが適している。

●杭や枝、用具類も必要

窯の形をつくるときは、杭やロープ、防湿装置に枝、天井の型木なども必要になる。

木材を適当な長さに切りそろえるノコギリやチェーンソー、整地用のスコップやクワ、窯底づくりには木槌、天井づくりにはワラやコモ、手へラ、土を練るためのエブリ（クワに似た形の道具）、目塗りをするコテ、軍手や地下足袋なども用意しよう。

〔白炭窯づくりの主な資材・道具〕

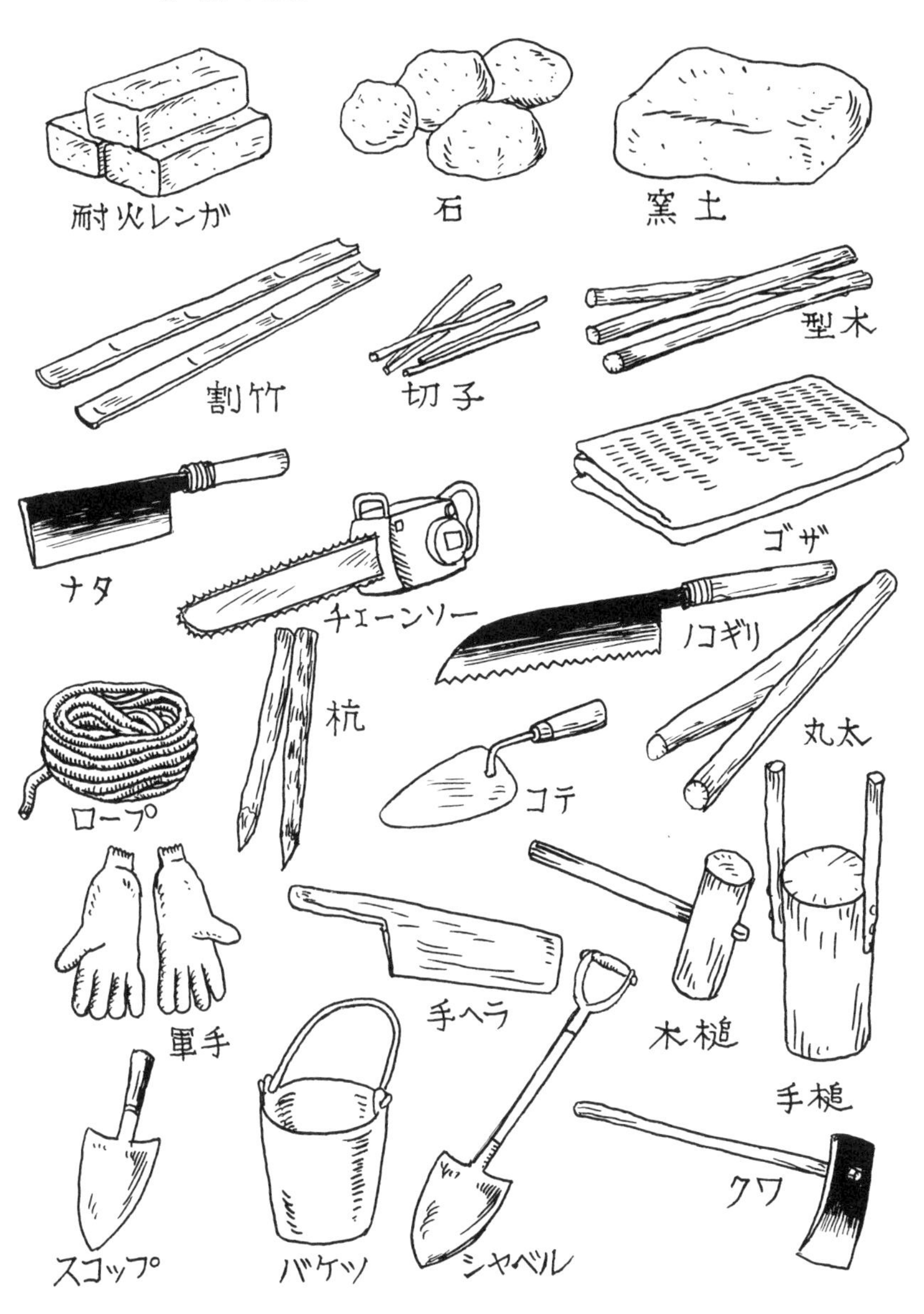

●白炭窯づくりの基本工程①～⑥

●職人の技が伝える白炭窯の工法

日本各地で独自の発展を遂げてきた白炭窯は、熟練した炭やき師たちの手によって、その土地の土と石とで築かれてきた。その工法は、親から子へ口伝で伝えられている。

一般に黒炭窯が「土窯（どがま）」と呼ばれるのにたいし、白炭窯は「石窯（いしがま）」と称されるほど、石を多く使っている。これはもちろん、高温で熱しても崩れたり消耗したりしないためだが、そのほかにも土に比べて熱容量が大きく、保温効果が高いことも、その理由にあげられる。

●白炭窯づくりの基本工程

つまり、白炭窯の場合は、手に入る土や石、さらに炭材の性質によって、窯のつくり方も変わってくるわけで、その工程は土地柄や職人によってもかなり異なる。ここでは、ミズナラなどをやく白炭窯として、東北地方で広く使われている「吉田窯」を参考に基本的なつくり方を紹介する。

［白炭窯の基本的なつくり方］

①窯形を描き、窯底をつくる。
②窯壁をつくり、胴やきをする。
③②と並行して排煙口と煙道をつくる。
④石を用意し、窯口をつくる。
⑤天井に型木をのせ、切子を並べる。
⑥土を盛り、型木を焼き落とす。

窯底をつくったら、周囲に木の枝を編んだ「しがらみ」をめぐらして、窯壁との間に土を込めて塗り固めていく工法である。窯口には大型の石を積み上げ、窯壁は石を積んで築き、隙間を粘土で埋めていく。最も重要なのは土で築く天井づくり。なかでも乾燥が重要で、乾燥のみに四～五日、型木の焼き落としに一昼夜を要する。

小屋がけや木酢液採取装置の取りつけ方は、第2章を参照のこと。

〔白炭窯づくりの主な工程〕

①窯場を決める

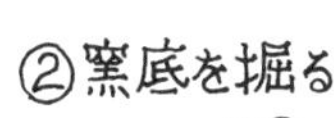

③防湿装置をつくる

⑤窯形を描く

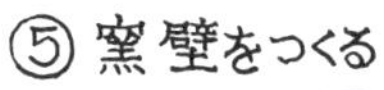

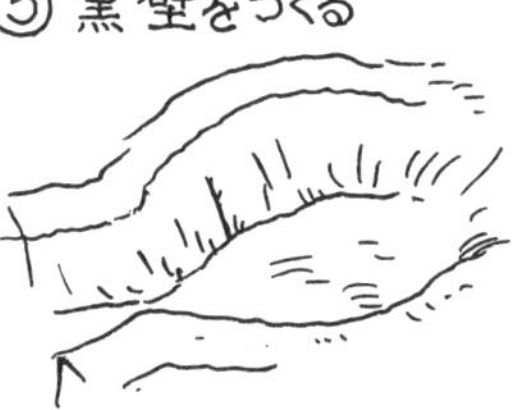

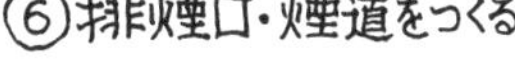

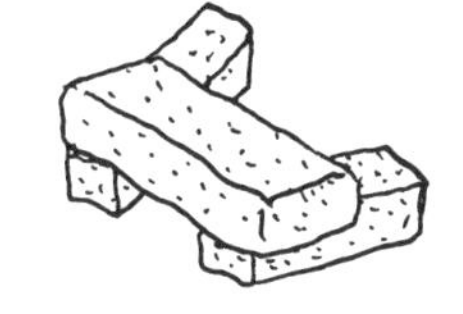

⑦窯壁を乾燥させる

⑧窯口をつくる

⑨土台の「また木」を置く（棚置法の場合）

⑩型木・切子をのせる

⑪土をのせ、天井をつくる

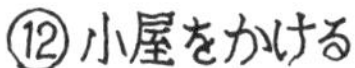

⑬木酢液採取装置を取りつける

◯工程① 窯形を描き、窯底をつくる

●窯のアウトラインを描く

一般に使われている奥行き六尺（約一・八m）の吉田窯などの小型白炭窯の場合、次のような工程でつくっていく。窯場が決まったら草を刈り払い、木の根や石を取り除く。炭化室の仕上がりサイズよりも一m広げた範囲を平らにならす。

次に窯の前端と後端を定めて杭を打ち、ロープで中心線を結ぶ。後端から内側に半径約八二cmの円を、さらに前端から約五五cmの円を描く。二つの円の外周を目測で丸みをつけてつなぎ、窯底の外周線を描く。

●窯底をつくる

窯底には十分に防湿装置を施す必要がある。まず、窯底よりも約六〇cmほど大きい外周を描き、内側を三〇cm掘り下げる。さらに窯底の中央に深さ一五cm、幅一五cmの溝を掘り、排水溝にする。

窯底に直径約一二cmの丸太を三〇cm間隔で縦に並べていく。その上に直径約六cmの丸太もしくは割材を横に隙間なく並べていく。さらにワラか笹を敷き詰め、粘土を盛る。粘土は一五cmくらいの厚さになるまで、よく突き固めていく。

その上に砂利石を一五〜一八cmの厚さで敷き詰め、薄くワラを敷き、かたく練った粘土を厚さ一〇cmぐらいに盛る。その上に厚さ六〜一〇cmの平らな敷石を後方に六%の勾配をつけて敷き詰める。

●窯をしがらみで取り囲む

窯の外側に「しがらみ」（土留め垣）を築き、地下水や湿気の浸入を防ぐ。窯形の外周から八〇〜九〇cm離して、同じような円を描き、土留め垣の位置を決める。このラインの上に五〇cmの間隔で杭を打ち、細い枝を交互にからめ、しがらみを編んでいく。あとから窯としがらみの間に、粘土（裏込土）を入れ、しっかり踏み固める。

＊以下の工程写真は日窯（案下窯（あんげがま））の例

条件に適した窯場を選ぶ

山腹を掘り、整地する

●工程② 窯壁をつくり、胴やきをする

●石で窯壁を築く

窯壁は石を積んで築いていく。その際、比較的大きい石は窯奥に、窯口に近づくに従って小さい石を使うようにするとよい。

窯形から約三㎝外側に、石を形に沿って一列に並べていく。このとき石の幅の狭いほうを内側に向けるようにすること。石と石の隙間には粘土を詰めて固定していく。上になるに従って小さい石を積むようにし、窯壁の高さが一・三mぐらいになるまで積み上げていく。

窯壁が高くなるに従い、窯壁と「じがらみ」の間に順次裏込土を入れていく。石を積み土を入れて踏み固める。この作業の繰り返し。もし、窯壁が内側に出てきたら、木槌などで叩いて元に戻し、作業を続けていく。

●胴やきをする

窯壁を積み終え、工程③を終えたら、排煙口と炭化室内で焚き火をして、十分に乾燥させる。これを「胴やき」という。

とくに排煙口の部分は念入りに行うこと。これが不十分だと、煙道の形が変形したり、窯壁が崩れ落ちたりするので注意しよう。

●窯壁に目塗りをする

胴やきが完了したら、灰や燃え残りを窯の外へかき出す。さらに窯底をホウキでよく掃除してから窯壁に目塗りをしていく。

目塗り用の土は、焼土六対粘土四の割合で混ぜたものに、適量の水を加え、少しやわらかく練ってつくる。

それを窯の内側から壁面に叩きつけ、手で塗り込める。さらにコテを使って約三㎝の厚さで、平らにならしていく。積み石が隠れる程度に全面に塗りつけるようにする。表面に凹凸がなくなるように、滑らかに塗りつけていくこと。

石を積み、隙間に粘土を詰めて窯壁を築く

排煙口などで焚き火をし、十分に乾燥させる

●工程③ 排煙口と煙道をつくる

●排煙口をつくる

窯奥の中央に排煙口をつくる。二個の枕石とのの上にかけ石をのせ、そこにできた穴が空気の通り道となる。窯の要となる部分なので、耐火性が強くちょうどよい大きさの石を吟味して使おう。

枕石　一二cm角、長さ一八cm。二〜四個

かけ石　幅三〇cm、厚さ六cm、長さ七三cm。一個

炭窯の中心線を中央にし、奥の間隔を五五cmほど空けて枕石を八の字形に置き、その上にかけ石をのせる。枕石の厚みが、そのまま排煙口の高さとなるようにする。

その上に石と粘土を積み重ねて、煙道を築いていく。煙道全体の形は、上に行くにつれて後方へそる。

●煙道には型板をつくってから取りかかる

煙道は炭の仕上がりを左右する重要な部分だ。熟練した炭やき師なら、長年のカンで築くこともできるが、慣れない素人がいきなり目測だけでつくると失敗しやすい。

そのため、作業に入る前にあらかじめ仕上がりサイズの型板をつくっておき、それに合わせて石と粘土を積み上げていく方法がある。このほうが作業がスムーズになり、正確に仕上げられる。

型板をつくり、板の厚みの分だけ幅を狭くして板を切り取る。同じものを二枚用意し、排煙口の上部の両側に設置する。

型板の間隔は下部が約六〇cm。上に行くに従ってだんだん狭まるようにし、煙道口では二六cmぐらいになるようにする。

煙道の裏表の両面にも横板を打ちつけて固定する。表側は下から四六cmぐらいの位置に、裏側は全面に横板を打ちつける。こうして型板のでき上がり。動かないように固定し、まわりを石と粘土で固めて、煙道を築いていく。

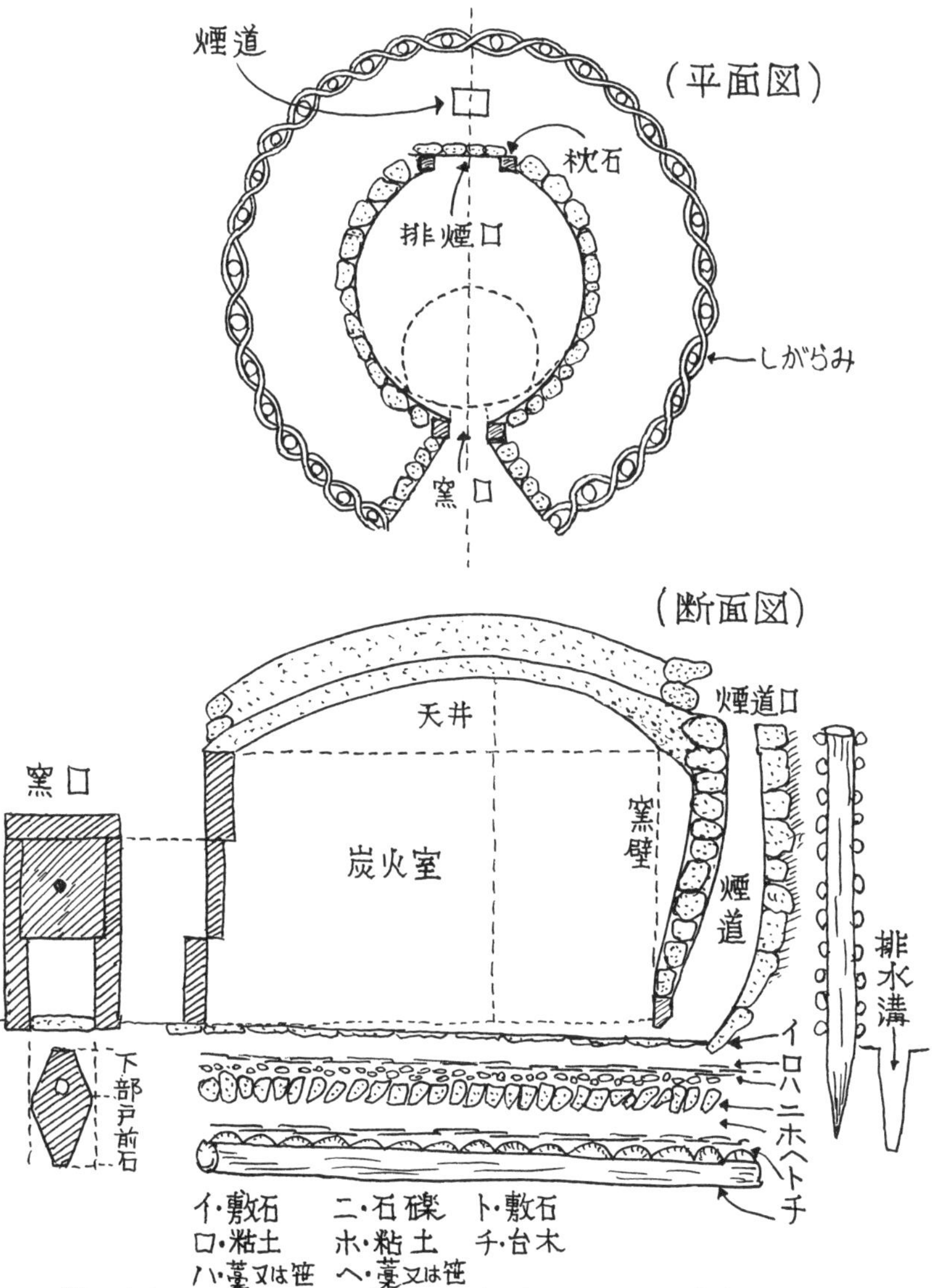
〔白炭窯(吉田窯)の構造〕
煙道
(平面図)
枕石
排煙口
しがらみ
窯口
(断面図)
煙道口
天井
窯口
窯壁
炭火室
煙道
排水溝
下部戸前石
イ
ロ
ハ
ニ
ホ
ヘ
ト
チ
イ・敷石
ロ・粘土
ハ・藁又は笹
ニ・石礫
ホ・粘土
ヘ・藁又は笹
ト・敷石
チ・台木
『有名木炭とその製法』(内田憲 編、日本林業技術協会)を参考に作成

○工程④ 石を用意し、窯口をつくる

●窯口に必要な石を用意する

排煙装置ができ上がったら、次に窯の前面中央に窯口をつくる。白炭窯の場合、窯口は基本的に石で築いていくので、以下のような大きさの石が必要になる。

柱石　一二cm角、長さ一m。二個。

かけ石　一二cm角、長さ五四cm。一個。

下部戸前石　幅三三cm、厚さ六cm、長さ四五cm。一個（図のように菱形に切って、上から一八cmの所に直径六cmの穴を開けておく）。

上部戸前石（拝み石）　上幅三三cm、下幅三六cm、厚さ五cm、長さ四五cm。一個。

前述の寸法のような、柱石に適した大型の石が見つからない場合は、代わりに小さな石を下から順に積み上げ、隙間を粘土で埋めていくやり方もある。

ただし、かけ石や戸前石は一枚岩でないとその役目を果たさないので、大きく平たいものを探そう。

●窯口を築く

まず、窯前面の中心から左右一七cmの所に柱石を取りつける。下の部分九cmぐらいを土中に埋め込み、動かないように固定させること。

窯口全体の高さは九〇cmぐらいになる。

二つの柱石の間隔は、下部に比べて上部を心持ち（三cmぐらい）狭くして、八の字形になるようにすると、窯口全体が安定する。

その上にかけ石をのせる。さらにそこから上は石を積み、隙間を粘土で塗り固めて、窯壁の高さ（約一・三m）まで積み上げていく。

窯口の底部手前に、穴を開けておいた菱形の下部戸前石を置く。なお、柱石には下から四五cmの所に、上部戸前石をかけるためにくぼみをつけておくとよい。

窯口上部にかけ石をのせ、粘土で埋める

石を積み上げ、隙間を粘土で埋めていく

窯口は上部を狭くする

●工程⑤ 天井に型木をのせ、切子を並べる

●白炭窯で用いられる棚置法

いよいよ窯づくりのなかで、最も重要かつ最も難しいといわれる天井づくりに取りかかろう。

炭窯の天井をつくるには、あらかじめ炭化室に炭材を詰め込み、その上に型木をのせる「木口置法」（48頁参照）と、丸太などで土台をつくった上に型木をのせて焼き落とす「棚置法」がある。

木口置法の場合は、初窯の炭やきと、天井づくりが同時に行えるので一石二鳥なのだが、高温で炭をやき上げる白炭の場合は、初窯ではよい炭ができにくい。横詰備長窯以外の白炭窯では、棚置法、木口置法いずれのケースも見受けられるが、ここでは棚置法を紹介しておこう。

●型木をのせて天井の土台をつくる

棚置法で窯の天井をつくる場合、炭材は詰めずに、空の炭化室に土台となる「また木」を置き、その上に型木を積んでいくことになる。

まず、直径九～一二cmほどの丸太を一一〇cmほどに切ったまた木を四本用意する。これを、炭窯後部から約四五cmの地点の左右に二本、窯口から約四五cmの左右に二本ずつ立てておく。

そして、炭窯の横幅に合わせて切った、直径九～一二cmの丸太を横に渡す。その上に直径六～一〇cmの丸太、もしくは割り材を縦一段に隙間なく並べていく。

さらにその上に、直径九～一二cm、長さ六〇～九〇cmの型木を並べ、次第に細く、短いものにして山形に積み上げていく。最後に直径一・五cm、長さ六～一五cmぐらいの「切子」を並べて全体に丸みをつけ、ドーム型の天井の形をつくる。

型木の積み方は、下から上に行くに従って、太くて長いものから、細くて短いものに移行していくのがポイント。隙間を少なくし、左右対称のきれいなカーブを描くようにしよう。

型木を天井に山形に積み上げていく

切子をのせ、全体に丸みをつける

●工程⑥ 土を盛り、型木を焼き落とす

●天井に土を盛る

熟練した炭やき師よれば、「土でつくった炭窯の天井は、炭をやく間に微妙に上下して呼吸している」とのこと。まさに土は生き物だということを物語っている。いよいよ天井の土盛りである。

型木の上にゴザやコモをかけて練り土をのせていく。練り土は粘土と焼土とを混ぜてよく突き練りしたもの。窯壁のほうから二〇㎝ぐらいの厚さで輪を描くようにし、頂点まで盛り上げる。

土を盛り終えたら、棒や手ヘラなどで叩いていく。天井づくりではこの作業が肝心。叩いているうちにだんだん盛り土の中から水滴が出てくる。これを十分に蒸発させ、土の水分を飛ばしてやる。根気よく何度も叩き締めること。不十分だと窯に火を入れたとき、天井が落ちてしまう。

●天井を乾燥させる

さらに、窯口で焚き火をして、内側から天井を乾かしていく。このとき、窯口には上部戸前石をかけ、周辺と中央部の穴は粘土でふさいでおく。

一日目　窯口で焚き火を燃やす。乾燥が目的なので、火が天井の型木につかないように注意すること。煙道口は三㎝ぐらいに狭めておく。

二日目以降　さらに乾燥を続ける。型木が燃えやすくなっているので、煙道口は一日目の半分くらいまで狭める。この間も同時に天井の上から一日三、四回叩き締める。こうして三、四日が過ぎ、天井の土を強く押しても、指の跡がつかなくなれば、乾燥は終了。

●型木を焼き落とす

天井が乾いたら、火を強くして型木にも点火する。窯口には下部戸前石を立てて、中央から上を粘土で塗り固める。煙道は半分くらい開くこと。こうして翌朝まで一昼夜燃やし続けると、天井の型木は焼け落ち、天井づくりは完了する。

型木、切子の上にゴザをかけ、練り土をのせる

棒やヘラで土を叩き締め、水分を出す

●白炭をやくのに必要な材料・道具

●炭材を用意する

ここで紹介する白炭窯の炭やきでは主にナラ材を用いる。奥行き約一・八m（六尺）、横幅約一・六m（五・四尺）の標準的な窯の場合の一例を示すと、ナラ炭材九五一kgを詰めてやき上げたところ、一四五kgの収炭量があった。このほか燃材として一〇一kgの木材を使っている。

炭材にたいする収炭率は一五・二%、燃材も含めると一三・八%となる。

窯の塾成度や季節、炭材の乾燥度、さらに炭のやき方によって収炭率は微妙に異なるが、炭材を用意する際は、この数字を一応の目安にするとよいだろう。

●粘土や消し粉も用意

白炭窯では、炭化が始まると次々と窯口の通気口をふさいでいく。このために粘土が必要。また、最終段階の精煉（ねらし）の作業では、真っ赤にやけた炭に「消し粉（けこ）」と呼ばれる、湿気を含んだ灰をかけるので、あらかじめ用意しておく。

●作業に必要な道具

黒炭と違い、最高温度が一〇〇〇℃以上に達する白炭をやく場合には、十分やけどや事故に注意しよう。といっても軍手に地下足袋といった軽装が一番適している。火の用心のために防火用水は忘れずに用意しておくこと。

炭材を並べる前に窯内を掃除するホウキ、炭材を奥まで並べるY字形の立てまた、ふさいだ通気口を開ける釘抜きやカスガイなども必要となる。

最後のクライマックスになる炭出し作業では、赤く熱した炭をかき出す炭ソグリや炭かき、エブリといった炭やき特有の道具が活躍する。さらにやけた炭に消し粉をかける灰すくいなども必要だ。見慣れぬ道具も多いので、プロの炭やき師に相談してそろえよう。

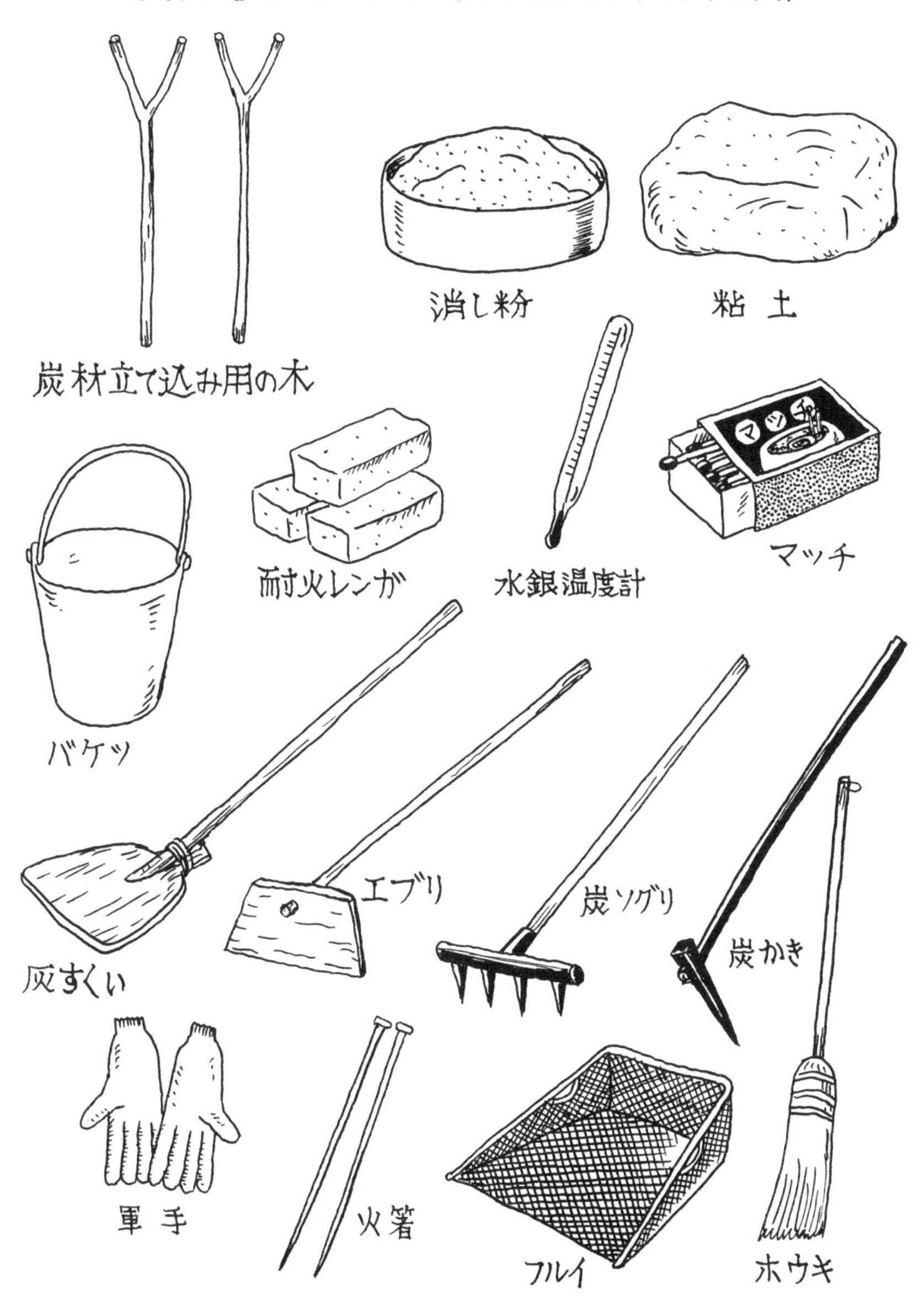
〔白炭をやくのに必要な主な材料・道具〕
消し粉
粘土
炭材立て込み用の木
マッチ
マッチ
耐火レンガ
水銀温度計
バケツ
エブリ
炭ソグリ
炭かき
灰すくい
軍手
火箸
フルイ
ホウキ

●火入れから炭出しまでの手順①～④

●火入れ後の空気調節が肝心

白炭窯での炭やきは、以下のような手順で行っていく。

①窯内に炭材を詰め込む。
②通風口、煙道口を調整する。
③徐々に煙道口を開け、精煉（ねらし）開始。
④炭出し後、消し粉をかける。

奥行き約一・八mの白炭窯で白炭をやく場合、窯に火入れをしてから出炭まで、約四五時間、丸二日近くを要する。

点火直後に煙道口の煙の温度を一五〇～一八〇℃まで上昇させ、それから出炭の約五時間前までこの温度を保ち続ける。

これは、急激な熱分解で、炭が割れたり砕けたりするのを防ぐため。窯内の温度を長時間一定に保つために、窯口に開けた小さな通風口と煙道口を微妙なタイミングで閉めていく。つまり②の作業が重要になる。

●炭質を決定づける精煉作業

白炭の場合も炭やきの原理は黒炭と大筋は変わらないが、最後の消火の方法に大きな違いがあり、それが白炭と黒炭の性質の決定的な違いを生み出している。

白炭やきの最後の炭化操作を精煉、または「ねらし」「さやし」と呼ぶ。最終段階で煙道口を全開にし、さらに窯口を大きく開いて炭窯の中に空気を大量に送り込む。するとそれまで三〇〇～四〇〇℃を保っていた窯内の温度が、一気に一〇〇〇℃まで上昇する。

そのままにしておくと、炭材は燃え尽きて灰になってしまうが、頃合いを見計らって炭を窯の外へ引きずり出し、消し粉と呼ばれる灰をかけ消火する。硬質で火もちのよい白炭を得るには、こうした「技」が必要なのだ。

〔火入れから炭出しまでの主な手順〕

①炭材を詰め込む

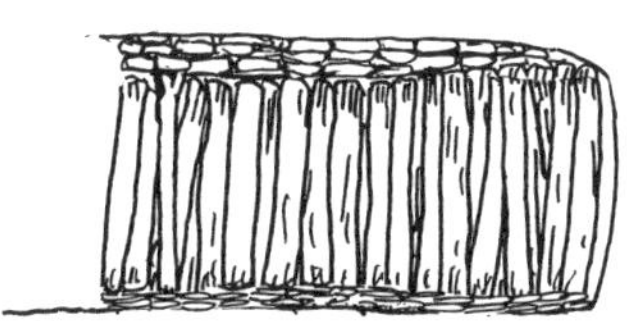

②通風口をつくる

③焚きつけ用の燃材を入れる

④火を入れる

⑤通風口、煙道口を調整

⑦徐々に煙道口を開ける

⑧木酢液を採取

⑨精煉を開始する

⑩炭を出し、消し粉をかける

手順① 窯内に炭材を詰め込む

●細い木を先に詰める

窯が完成したら、本格的に炭やきを開始する。まず、天井から焼け落ちた型木の木炭を、窯の外にかき出して、炭化室内をきれいに掃除する。それから窯奥から順に、窯壁の高さに合わせて切りそろえておいた炭材を詰め込んでいく。排煙口付近には細い木を、窯口に近づくに従って太い木を詰めるようにする。窯の奥はY字形の立てまたを使うと詰めやすい。

炭材はすべて太いほうを上にして立てていく。天井部や周囲に隙間ができないように、窯壁のまわりには短い木を詰める。均等に詰めないと炭化や精煉にバラつきが出て炭質が悪くなり、収炭量も落ちてしまう。窯口の近辺の炭材は灰になりやすいので、クリなどの不良材を詰めるとよい。

●炭化のプロセスを知ろう

白炭窯の炭化曲線を見てみよう。黒炭窯に比べると最後の温度がかなり高いことがわかる。

白炭をやくときは、初め一八〇～二二〇℃ぐらいでやき続け、炭化の終わりに窯口を徐々に開いて大量に空気を入れる「精煉」と呼ばれる高熱処理をし、窯内の温度を一〇〇〇℃以上に上昇させる。その後、炭をかき出し、消し粉をかけて消火する。良質の白炭をやくには、ゆっくり熱分解を進めるために、窯内を低い温度で制御しなければならない。急速に温度を上げると、炭材が折れて砕けてしまうからだ。

といっても炭窯に特別な温度制御装置はないので、窯口の通風口と煙道口の大きさを調整して窯内の温度をコントロールしていく。この微妙な加減が炭質を決定する。これらの口の開け閉めの調整は、点火後の約三時間と炭化の終了間際に行う。

＊以下の手順写真は日窯（案下窯）、秋田県西木村の吉田窯などの例

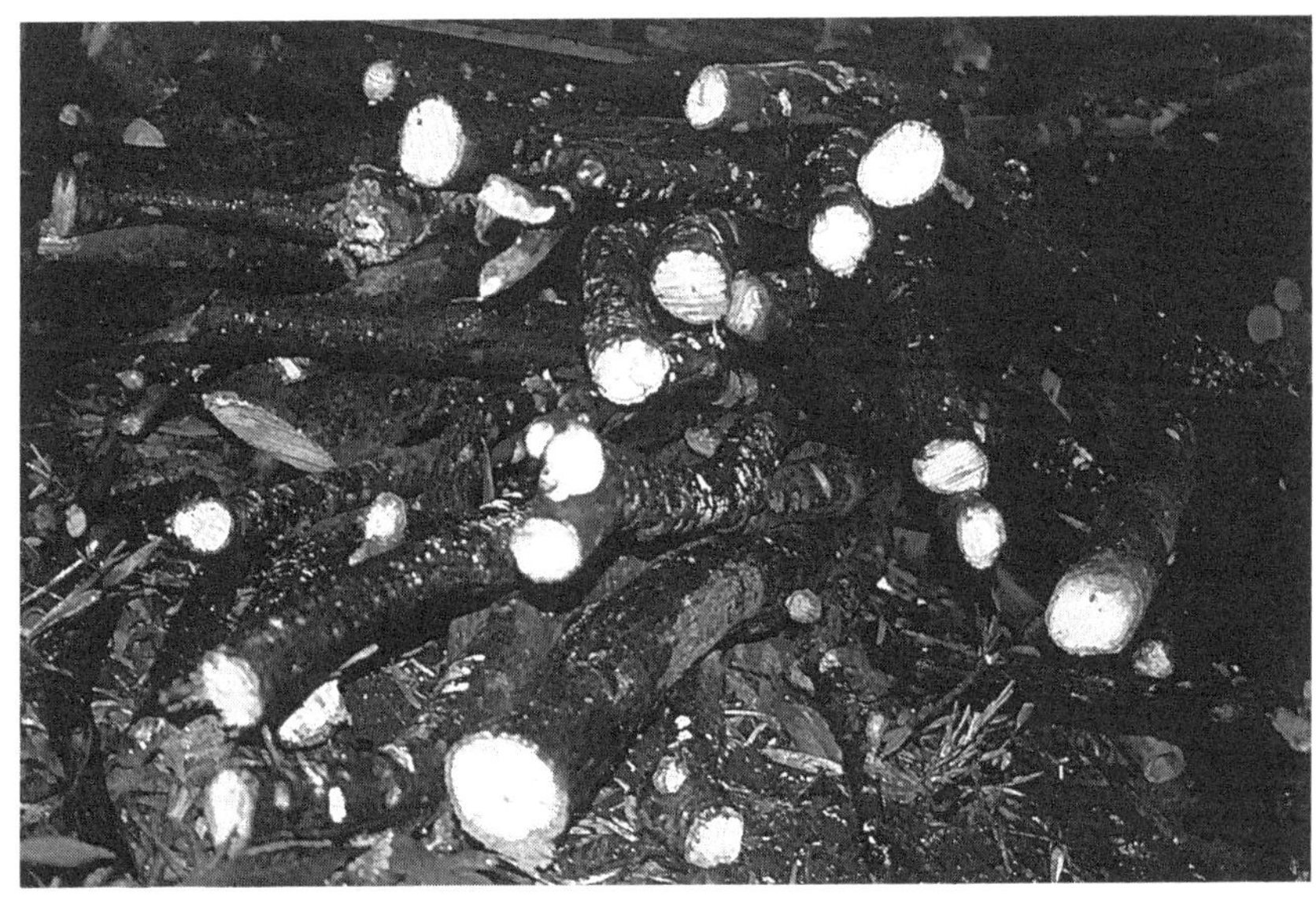

炭材を切りそろえておく

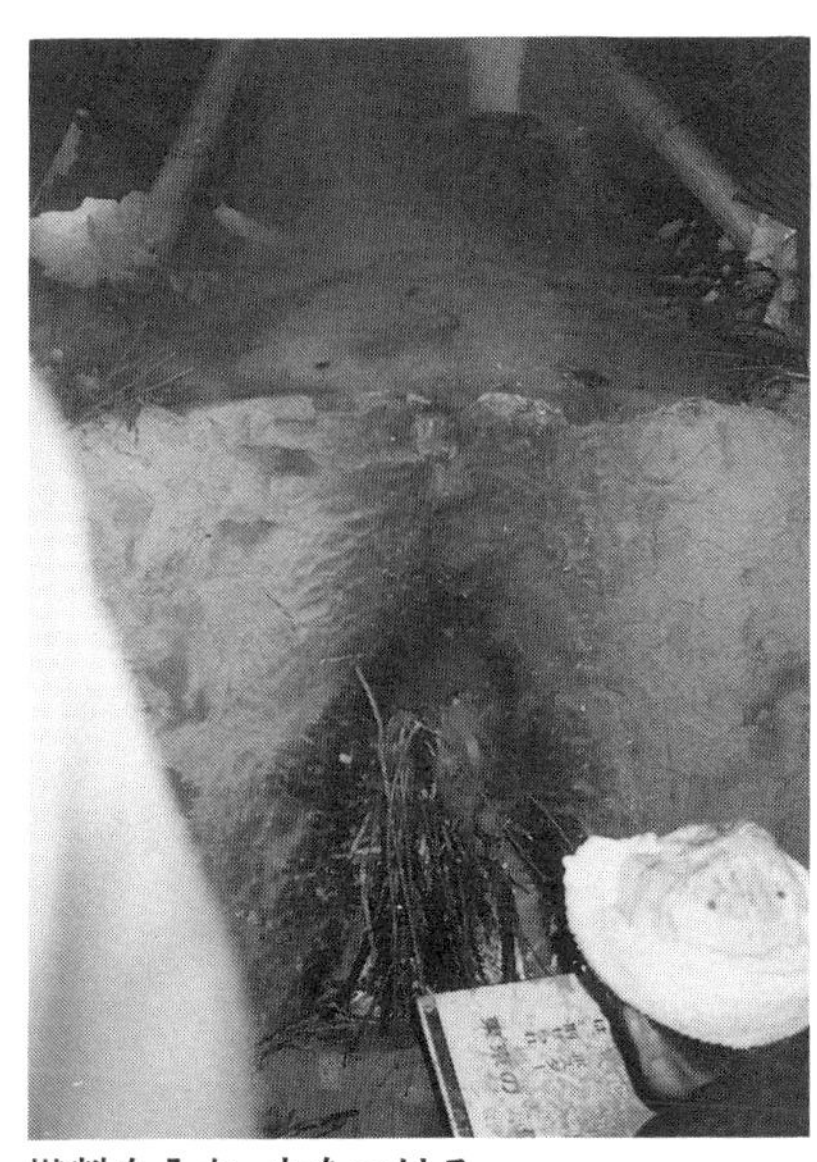

燃料を入れ、火をつける

窯内に炭材を入れる

●手順② 通風口、煙道口を調整する

●燃材に点火する

炭材を詰め終えたら、窯口に枯れ木などの燃えやすい燃材を立てて火をつけ、できるだけ強く口焚きをする。

しばらくして、口焚きが進んで煙が立ち昇ってきたら、煙道口と通風口の調節を開始する。点火後の空気調節は、炭やきの中でも最も大切なプロセスなので、煙の色とにおい、勢いによく注意して行うこと。

点火に要する時間はおよそ三時間。急いで煙道口をおおって煙を抑えると、点火に時間がかかってしまうので、少しずつ閉めていく。

●煙道口と通風口を閉じていく

①口焚きが進むと、水色の水煙が出てきて、さらに加熱が進むと、黄褐色を帯びてくる。その後煙がやや濃くなって長くたなびき、刺激臭がするようになり、窯口下部の両側と炭材の間から白煙が出る。

これは炭材上部にわずかに点火したことを意味している。

↓煙道口を約三㎝おおう。

②窯口近くの炭材から吹き出る白煙がいったん弱まるが、さらに強くなる。

↓煙道口を二分の一閉める。

③窯口の白煙がやや弱まって再び強くなり、煙道口の煙もかなり強くなる。

↓窯口に戸前石を立てる。さらに、窯口上部の両側に直径一・五㎝ほどの穴と、窯口の下部の両側に直径五㎝ほどの通風口を開け、それ以外の隙間を粘土でふさぐ。

④煙の勢いが強くなる。

↓煙道口をおおい、中央部を四㎝角だけ残す。

⑤さらに煙の勢いが増す。

↓窯口下部の通風口を直径三㎝ぐらいに狭める。

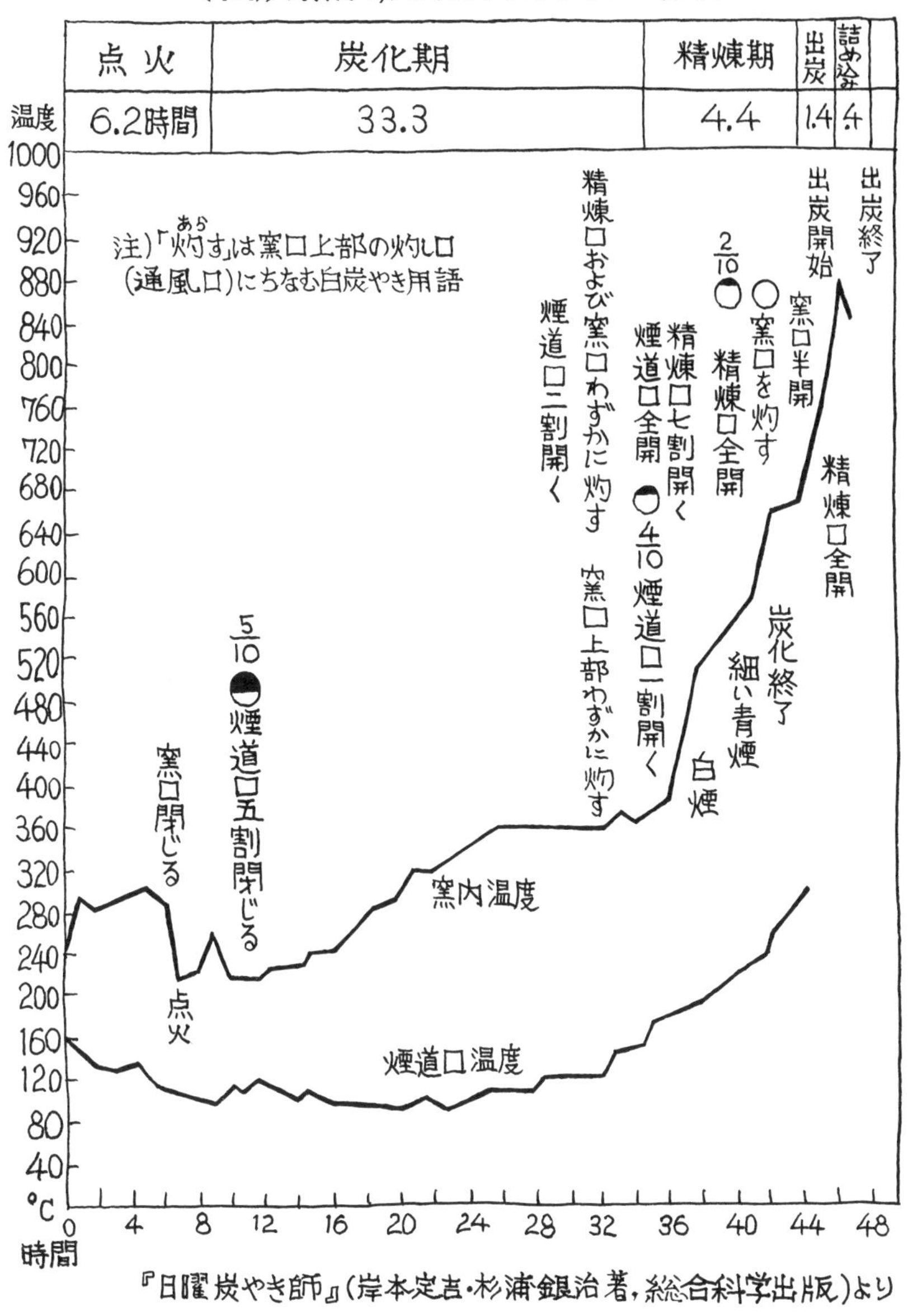
〔白炭窯の炭化操作の一例〕
点火
炭化期
精煉期
出炭
詰め込み
温度
6.2時間
33.3
4.4
1.4
4
注）「灼す」は窯口上部の灼し口（通風口）にちなむ白炭やき用語
窯口閉じる
点火
5/10 煙道口五割閉じる
窯内温度
煙道口温度
精煉口および窯口わずかに灼す
煙道口二割開く
窯口上部わずかに灼す
4/10 煙道口一割開く
煙道口全開
精煉口七割開く
2/10 精煉口全開
窯口を灼す
窯口半開
出炭開始
出炭終了
精煉口全開
炭化終了
細い青煙
白煙
℃
時間
『日曜炭やき師』（岸本定吉・杉浦銀治著，総合科学出版）より

●手順③ 徐々に煙道口を開け、精煉開始

●窯に盛り土をする

吉田窯の場合、炭化中に熱を逃がさないために、炭窯の上に盛り土をする。天井の前部と後部に石と土とで土留めをつくり、天井の上に厚さ二五㎝ぐらいに土を盛っていく。

精煉の際は、この盛り土の上から水をかけて窯の過熱を防ぐ。水の量は一度に約一八〇ℓ。炭化室内の温度を均衡に保ち、速やかに精煉を進める効果がある。

●煙道口を開けて精煉開始

点火して約四〇時間後、煙道口から出る煙が浅黄色になり、刺激臭がなくなったら、通風口はそのままにして、煙道口を徐々に四分の一まで開いていく。

しばらくすると、炭化室内の温度が急上昇して煙道口から盛んに黒煙が立ち昇る。これが次第に弱まって、約一時間後に青煙になったところで、再び煙道口を徐々に開き始める。一度に開くと木炭が割れてしまうので、割れる音がしないかどうか耳を澄まして注意しながら進める。こうして四～五時間かけて煙道口を全開にする。

●窯口精煉を開始する

煙道口を全開して三〇～四〇分後、窯口上部に小さな穴を開け、窯口精煉を開始する。こちらも急激に開けると炭が割れるので注意すること。窯口の上方から徐々に小さな穴を開けていく。

ときどき穴からのぞいて、中の様子を確認すること。黒色の部分があれば、それは炭化が遅れているしるしなので、その方向に穴を開けるようにする。全部の穴を次第に大きくして空気を送り込み、十分に窯口精煉を行う。

木炭が黄金色になり、窯底も白熱していたら、十分に精煉されたことになるので、窯口を開いて出炭にそなえよう。

下部の通風口を狭める

燃材投入口をふさぐ

窯口に組み木などを置いて安定させる

手順④ 炭出し後、消し粉をかける

●窯口を開け、炭を引き出す

出炭の際は、戸前石を取り外して窯口を開け、真っ赤になった木炭に消し粉（水分を含ませた灰）をふりかけ、炭についている皮を落として燃やし、スムーズに精煉が進むようにする。

そして十分精煉された所から、炭ソグリを使って木炭を横に倒し、折らないように注意して窯口に引き出す。さらにエブリで窯口の前の窯庭に引き出し、さらに消し粉をかけて消火する。この一連の作業を白炭の「ねらし」と呼ぶ。

消し粉は灰に多少の湿気を与えたもののことで、手で握るとわずかに粘りつく程度のものがよい。湿りすぎると木炭の色沢を悪くし、折れ炭ができやすくなる。消し粉を使って消火すると、木炭の表面に白っぽく灰が付着することから「白炭」の名が生まれた。

ねらしの過程で、灰と同時にカリの一部が木炭の表面にしみ込む。これが触媒作用をもたらして炭の着火温度を低くし、火もちをよくする効果がある。消し粉を使ったねらしは、とても合理的な方法なのだ。

●ねらしはタイミングが命

白炭のねらしは、窯口を開ける頃合いと、真っ赤にやけた炭を外へかき出すタイミングが命。時間をかけてじっくりやき上げた炭のでき上がりを左右する。

早すぎると炭に皮が残ったり、かたく締まらなかったり、折れたり割れて砕けたりしてしまう。反対に遅れると、炭が灰になり、収量がガクンと落ちる。ねらしの作業は高温にやけた炭との一瞬の勝負。くれぐれもやけどには注意しよう。この技を習得するには、何度も炭やきの経験を積んで、カンどころを押さえていくしかない。まさに炭やきの醍醐味であり、腕の見せ所だ。

窯口をこじ開け、突き崩す

消し粉をかけて消火する

エブリで窯庭に引き出す

◆地域発・炭やきムーブメント②
飾り炭（山形県・白鷹町森林組合ほか）

平安時代から貴族や茶人に珍重され、その製法が秘伝とされてきたものに、御花炭（おはなずみ）（飾り炭）がある。白鷹（しらたか）町森林組合（山形県）では、その名もチャコールクラフト「お花炭」として、飾り炭の販売に取り組んできた。

御花炭はかつては小枝に葉や実をつけて丸ごとやいたものだが、明治時代に入ってから徐々にすたれてきた。したがって、製法に関する技術はほとんど伝わっていないに等しい。材料にどんな素材を用いるか、それをどのように炭化させるか。現代では飾ってもらう目的でつくるので、見た目に美しく、また形が壊れにくいことも重要になってくる。

同森林組合では、一九九一年からさまざまな植物の炭化試験に取り組み、一九九五年三月に販売にこぎつけた。

イガつきクリなど約一〇種類の炭化に成功したが、最終的には松かさと竹の枝、モモの種の三種類に絞って商品化している。山形県の特産であるアケビヅルの籐かごに三種類をセットにして一五〇〇円で販売しているが、値段が手ごろで恒久的に飾っておけるインテリアとして好評だ。当初はウメの種をやいていたが、種が大きくて仕上がりがよいということでモモの種に切り替えた。

また、宮城県仙台市の笹褩吉（えなきち）さんは定年退職後、一九九三年に一万五〇〇〇坪の敷地にキャンプ場を兼ねた「うつくし森自然観察園」を開設し、炭やき窯一基を設置。竹炭（ちくたん）や木酢液（もくさくえき）のほか、趣味も兼ねた飾り炭を販売している。

笹さんのつくる飾り炭は、マスクメロン、パイナップル、アケビ、カボチャ、枝葉つき松かさ、クリイガ、カキ、トウモロコシ、ナス、ニンニク、イチョウ、ススキ、ホオズキ、クリの実など多種多様。「マスクメロンは食べたほうが安い」と笑うが、季節に応じて、さまざまな素材をやくのが楽しみになっている。

飾り炭の炭やき体験もでき、材料は持ち込みの炭材一斗缶分で二〇〇〇円。三昼夜やいたのち、五日間くらい冷まして完成。自分だけのインテリアができると好評である。

第4章

ドラム缶窯などをつくって炭をやく

縦型ドラム缶窯で炭をやく

◯1 縦型ドラム缶窯をつくって炭をやく

●西日本で主力の縦型ドラム缶窯

炭やきが全国的なブームとなり、森林だけでなく市街地や公園で、手軽にできる炭やき窯が考案されている。その代表的なものが、ドラム缶窯だが、島根県大田（おおだ）市の「生協しまね大田支所環境委員会」や市民グループでは、地元の女性陣を中心に、炭やき名人の伊藤末吉氏の指導のもと、西日本で普及している縦型のドラム缶窯を製作した。

炭材に廃材や間伐材を利用し、窯は一度設置すれば二年間ほど使い続けることができる。また、火入れから火止めまで一〇時間前後ですむとあって、女性やお年寄りでも手軽に炭やきを楽しめる画期的な窯として人気が高い。

●縦型ドラム缶窯のつくり方・やき方

まず手始めに、縦型ドラム缶窯のつくり方とやき方の手順を紹介しておこう。

①ドラム缶を縦型の窯に加工する。ドラム缶を、ふた、土留め、窯本体の三つに切り分け、それぞれに加工を施す。

②ブロックで窯を置く台をつくる。U字溝とブロック、ブロック板を組み合わせ、窯を置く台と焚き口をつくる。

③窯の周囲に土を盛って固定する。台と焚き口の上にドラム缶窯を設置する。煙突を取りつけ、周囲をトタンで囲む。隙間には土を詰めていく。

④炭材をぎっしり詰めていく。ドラム缶に炭材を隙間なく詰める。

⑤火入れをし、木酢液を採取する。煙の色と温度を見ながら木酢液採取用の道具を取りつけ、木酢液を採取する。

⑥火止めをし、炭出しをする。八～一〇時間後に火止めをし、さらに二、三日後、窯からやき上がった炭を取り出す。

〔縦型ドラム缶窯のつくり方・炭のやき方〕

①ドラム缶を切断し、加工する

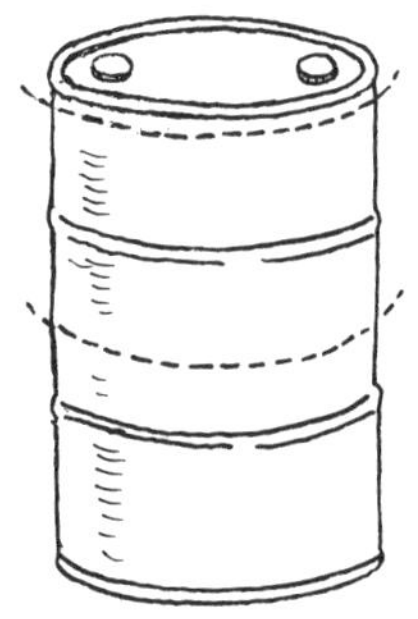

②ブロックなどで窯を置く台と焚き口をつくる

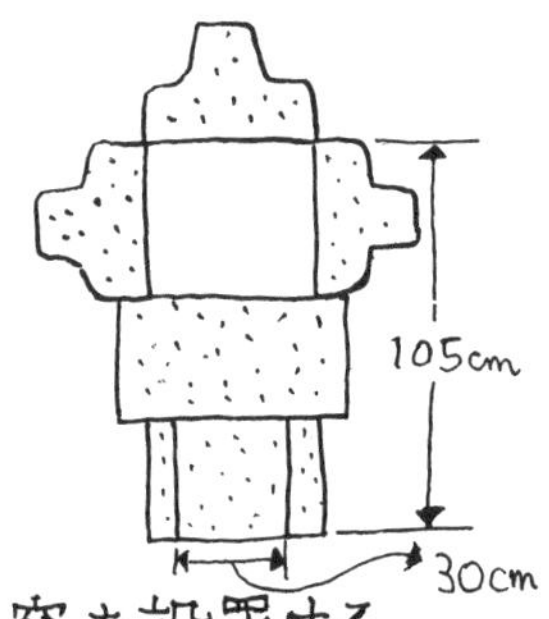

③窯を設置する

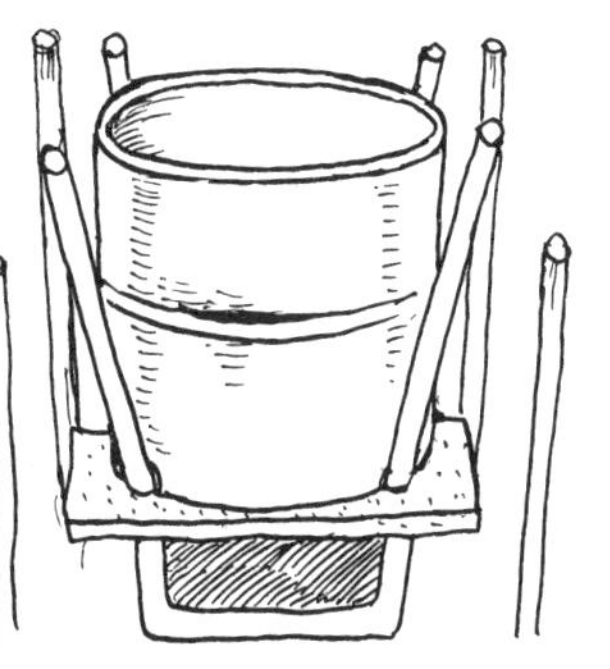

④炭材を詰める

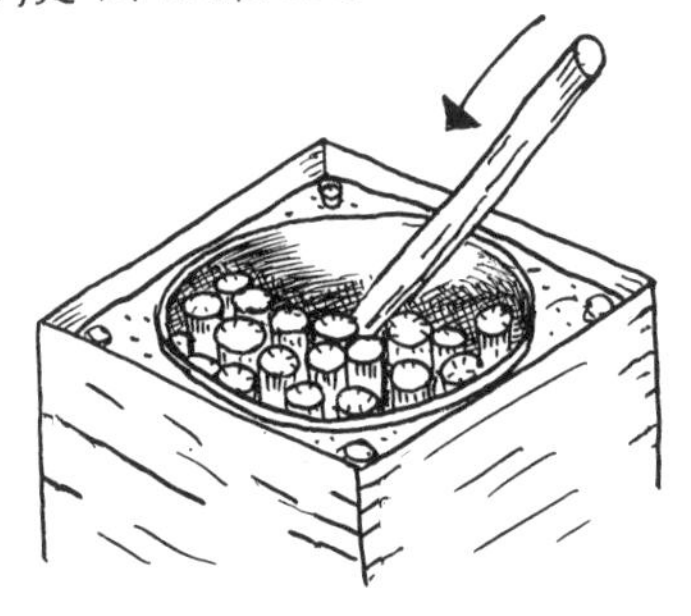

⑤火入れをし、木酢液採取装置を取りつける

⑥炭出しをする

●縦型ドラム缶窯づくりの資材・道具

●前もって用意する資材

ドラム缶　ふた、土留め、炭窯（すみがま）本体の三つの部分に切り分けて使用する。

鉄筒　直径約一一・五㎝、長さ五二㎝のもの一本（窯の高さより約一〇㎝低いもの）。

煙突　直径約五㎝、長さ八〇㎝、九〇㎝の鉄パイプを各二本ずつ（二種類必要なのは、木酢液採取装置を取りつけるときに傾きが必要になるため）。

U字溝　深さ・幅約三〇㎝、ブロックと組み合わせて奥行き一m五㎝ぐらい。窯の下に設置。

ブロック　三個。U字溝とともに焚き口とする。

ブロック板　一枚。U字溝の上に窯を固定する。廃物利用でも可（U字溝の幅より大きいもの）。

土　粘土質でないものを軽トラック一台分、粘土質のものをバケツ一～二杯分。

トタン板　窯のまわりに土を盛るため、囲い込み用として使用。

レンガ　一〇個ぐらい。火止め用。

杭　直径約一〇㎝、長さ約一・五mのもの四本。

板（杭と杭の間に渡す横板）　厚さ約一㎝、幅約一〇㎝、長さ一・二～一・三mのもの八枚。

モウソウチク　三～四mのもの二本。木酢液採取用に使用（またはこれに代わるものでもよい）。

その他　木酢液（もくさくえき）採取道具、支柱など適宜。

●作業に必要な道具

電気サンダー、シャベル、スコップ（数本）、マサカリ、ノコギリ、ナタ、クワ、木槌、金槌、ゲンノウ（ハンマーでも可）、カケヤ、釘、カサつき釘、針金、ワイヤーカッター、ペンチ、温度計（二〇〇℃前後まで測れるもの。家庭用の温度計で可）、火ばさみ、ジュウノウ、タール取り除き用棒（煙突より長いもの）、ホウキ（窯内の掃除用）、漏斗（ジョウゴ）、管、一升瓶、バケツ（火の用心のため）、ボロ布、軍手など。

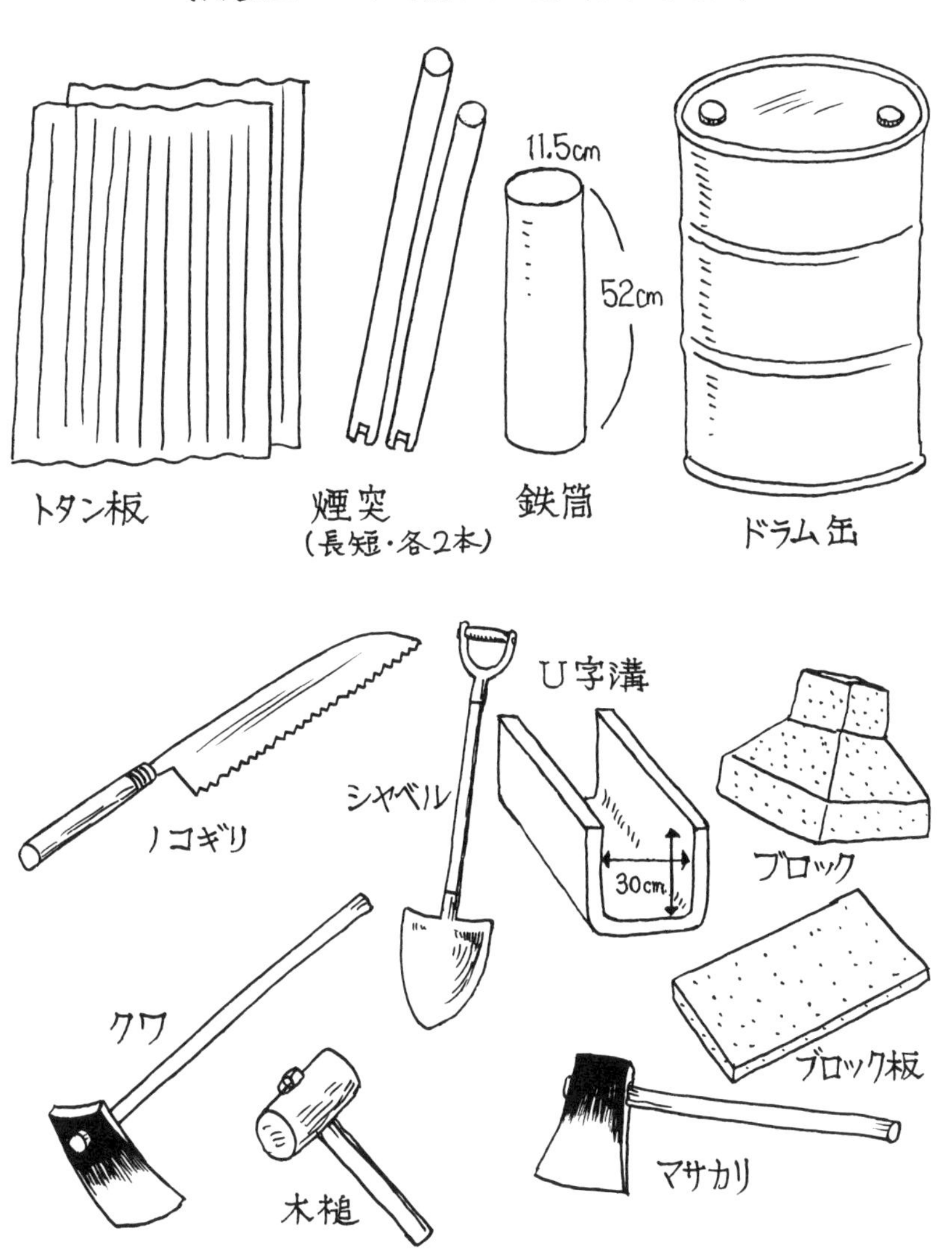

このほか、杭（4本）や木酢液採取のための竹（2本）、ジョウゴ、管、一升瓶なども必要

●手順① ドラム缶を縦型の窯に加工する

●ドラム缶を三つに切る

ドラム缶を電気サンダーなどで三つに切り分ける。まず、ふたをつくるため上から五cmの所で切り、ドラム缶本体は上から三分の一ほどの部分から切り離す。上部は土留め、下部は窯の本体に使用する。

●窯本体をつくる

ドラム缶の下の部分（高さ六二cm）を窯本体にする。底の周囲に煙突を差し込む排煙口を等間隔に四か所開ける。大きさは縦六cm、横五・五cm。底辺を残し、コの字形に電気サンダーなどで切る。切り口をハンマーなどで叩き、外側に向けておく。

本体の底の中央に直径一〇cmの火の通り穴を開ける。直径一一・五cm、長さ五二cmの鉄筒が倒れたり中心からズレたりしないように、小さな鉄片をL字形に曲げて鍵爪をつくり、これを穴のまわり三か所ほどに溶接して取りつけておくとよい（このとき鉄筒は溶接しないこと）。

●ふたと土留めを加工する

先に切り離したふたに一〇cmぐらいの間隔で切れ目を入れる。切り口をゲンノウなどで叩き、外側に向けておく。

本体と切り離したドラム缶の上部（高さ二二cm）は、電気サンダーなどで縦に一本切れ目を入れて切り離す。ゲンノウなどで叩いてコの字形にし、本体をすっぽり包み込む形に加工する。

煙突用の鉄パイプは木酢液を採るため、八〇cm、九〇cmのものを二本ずつ用意する。排煙口に密着させる部分は、空気が抜けないように、排煙口の角度に合わせて斜めに切断する。

ドラム缶の中に油分が残っている場合、使う前に水洗いするか、枯れ葉を入れて十分焼き切っておく。ドラム缶や鉄パイプの加工が難しい場合は鉄工所などのプロに依頼してもよいだろう。

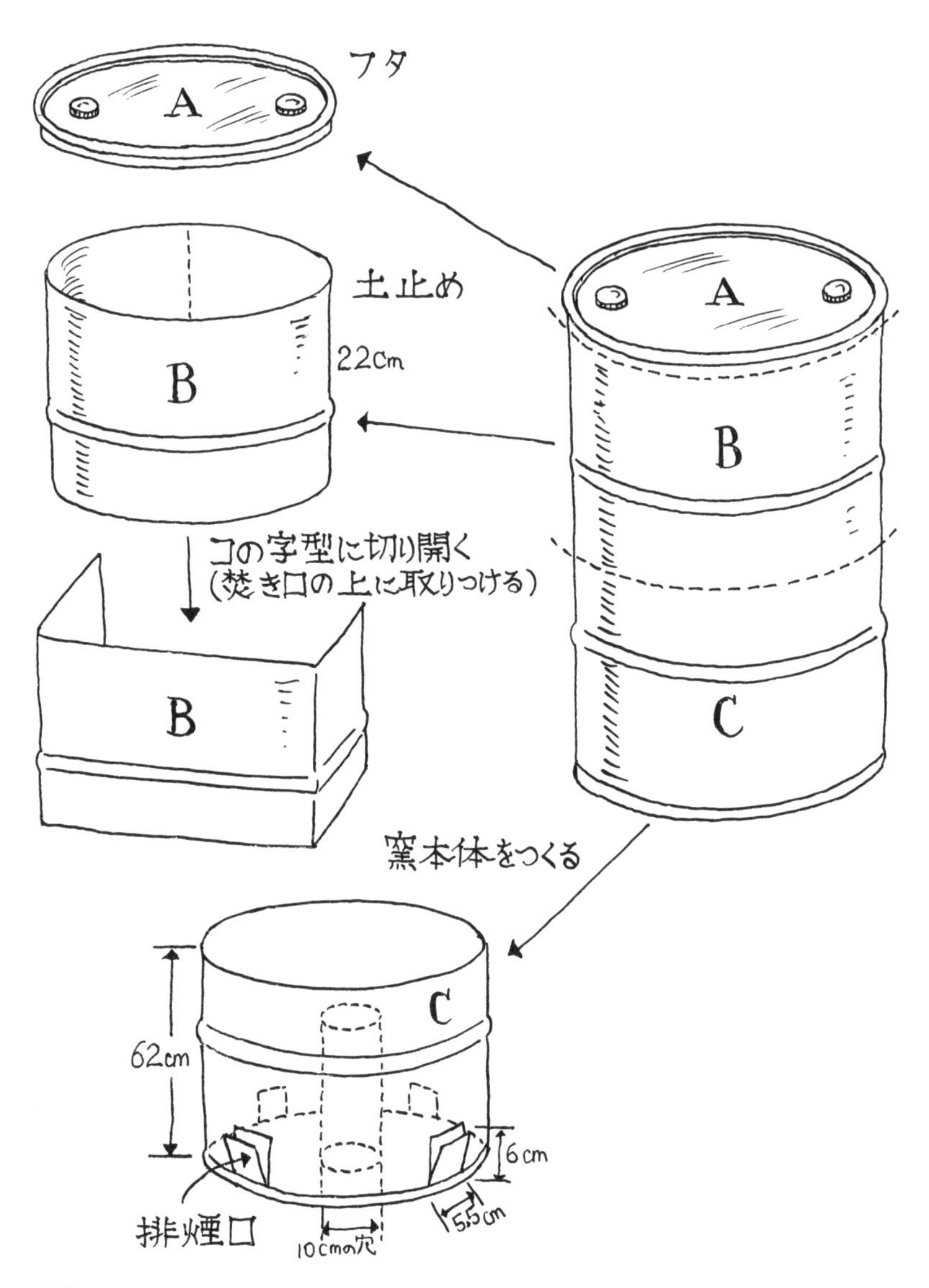
〔ドラム缶を切断し、縦型窯に加工〕
フタ
A
土止め
22cm
B
A
B
C
コの字型に切り開く
（焚き口の上に取りつける）
B
窯本体をつくる
C
62cm
6cm
5.5cm
排煙口
10cmの穴

●手順② ブロックで窯を置く台をつくる

●窯の設置場所を決める

窯本体の加工が完了したら、土台となる窯口の設置に取りかかるが、その前に、その場所の風向きを調べよう。主風（その場所に吹きつける主な風向き）が窯口に向かっている場所が望ましい。

大田市（島根県）の農家に広く普及しているこの窯の場合、炭やきは生活に密着しているので、窯は一日で一番生活する時間が長い場所から見ることができることも、設置場所の大きな決め手である。風向きと焚き口が見えることとの二つの条件がそろうことが望ましいが、そうでないときは、自分で優先順位を決めればよい。

さらに、水はけがよく平らな場所であること。雨水が焚き口に入らないようにくふうして、あらかじめ、しっかり地ならしをしておこう。

●焚き口をつくる

窯の設置場所にU字溝を置いて、焚き口をつくる。さらに、焚き口の反対側に三個のブロックをコの字形に置いていく。このブロックの置き方が重要ポイント。ブロックは廃物を利用すれば十分。必ずしも図と同じ形のものでなくてもよいが、ある程度の重量があって、安定したものを使う。

ブロック板をU字溝の上にのせて位置を決め、全体が水平になっているか確認しよう（一度ドラム缶をのせてみるとよい）。

さらにブロックがグラグラしないように隙間に小石をかませるか、泥詰めするなどして、しっかりと安定させていく。こうして焚き口が完成。いよいよ窯の設置に取りかかる。

●焚き口にドラム缶をのせる

ブロックとブロック板が描いた四角形の中心と、ドラム缶の鉄筒の中央が重なるように注意して、窯を上にのせる。排煙口の位置が、四隅にくるように設置すること。

〔ブロックで窯を置く台をつくる〕

後方にもブロックを置き、手前にブロック板を水平になるように工夫してのせる

U字溝をブロックではさむ

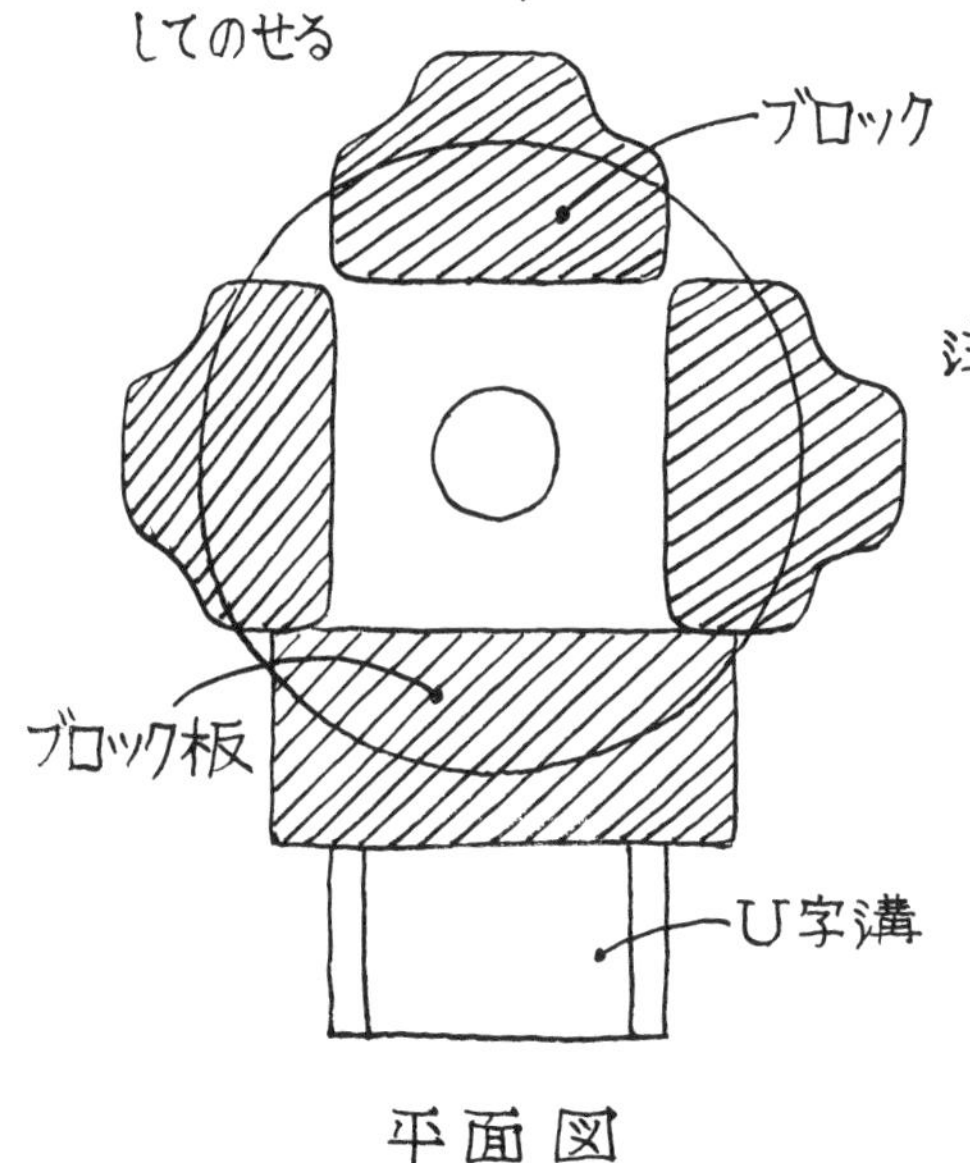

平面図

注)①U字溝が焚き口になる
②ブロックは廃物を利用してもよい。ただし、重量感のあるものが必要

●手順③ 窯の周囲に土を盛って固定する

●泥と土でまわりを固める

あらかじめ用意しておいた煙突を窯の四隅の排煙口に固定する。焚き口に近いほうに八〇㎝、奥に九〇㎝の煙突をそれぞれ二本ずつ密着させる。

排煙口から空気が漏れないように、パイプとドラム缶の接合部分に水で練った目張り用の粘土質の泥を丁寧に塗りつけておく。子ども連れの参加者がいる場合は、泥遊びよろしくこの泥ダンゴづくりをしてもらうとよい。

さらに窯全体を針金で縛る（横板と横板の間を二か所ぐらい縛るとよい）。窯のまわりにどんどん土を入れていく。シャベルなどで土を入れ、その上を木槌などで叩いて土をギュッと締めながら入れていくこと。

このときドラム缶にはふたをし、四本の煙突に軍手などをかぶせておくと土が入る心配がなく、作業がとてもラクになる。

●窯をトタン板で囲む

まず、窯の周囲の四隅に先を削った杭を一本ずつ打ち込んでいく。杭と杭の間隔は一mぐらい。狭すぎると土詰め作業が大変で、広すぎると土が足りなくなる。窯の高さより一〇㎝高い位置までカケヤで打ち込む（最後に切りそろえてもよい）。

さらに土を窯口のブロック板の高さまで盛り、木槌で叩いて締めておく。窯の前面にあらかじめコの字形の土留めを入れておくと、U字溝に土が入るのを防いでくれる。

ドラム缶の高さを確認し、杭と杭の間に横板を渡して打ちつける。横板は八枚使用する。前面の焚き口の横板とトタン板は、中に入っての作業が終わってから打ちつけるとよい。

次に、窯のまわりをトタン板で囲んでいく。横板の上にトタン板を置き、カサつき釘を打ちつけて固定させる。

〔窯を置き、基礎を固める〕

①窯本体を置き、まわりに土を盛る

②四隅に杭を打ち、横板を渡し、土止めのトタン板などを組む

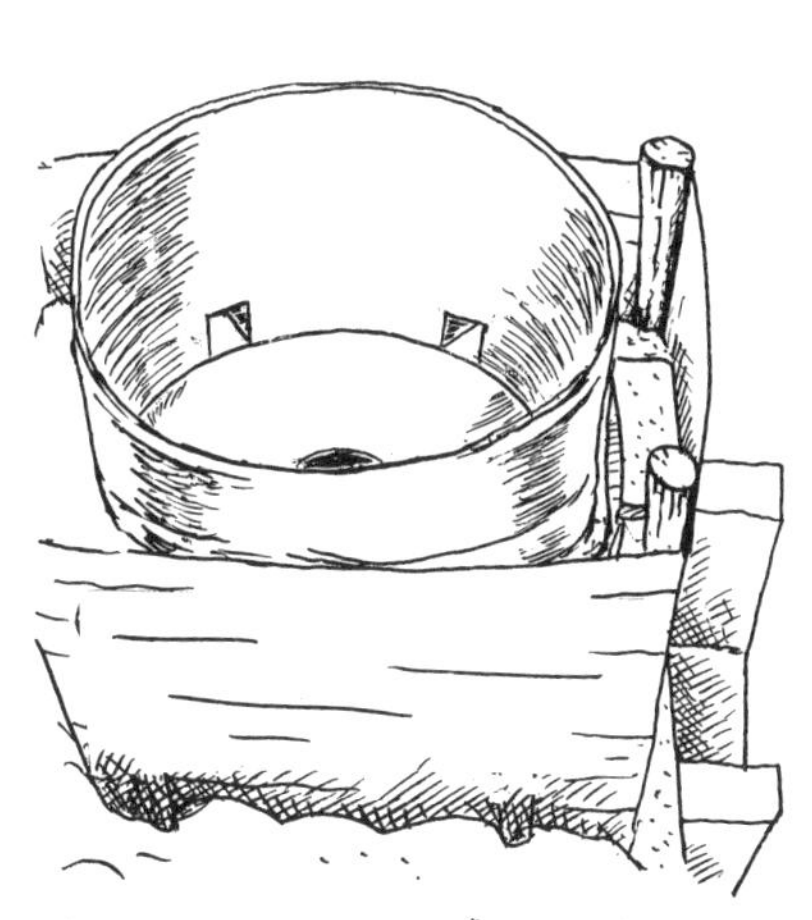

③焚き口の上にコの字型の土止めを置き、内側に土が落ちないようにレンガなどを置く
4か所の排煙口に煙突を取りつける

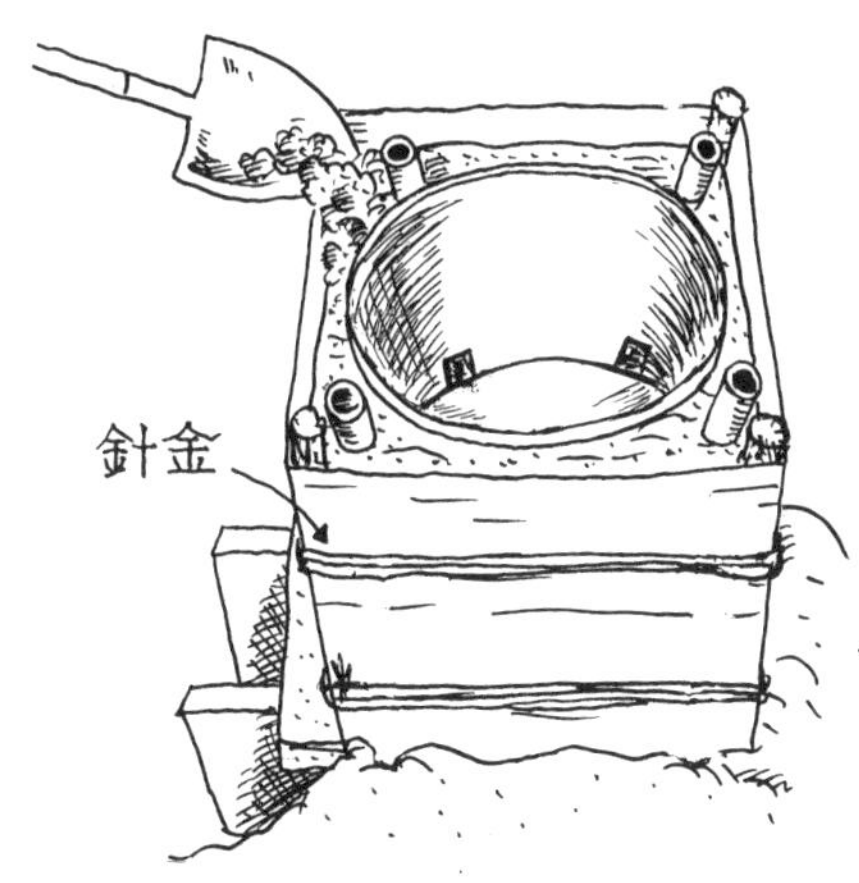

④針金で窯全体を縛り、土を入れる

●手順④ 炭材をぎっしり詰めていく

●炭材を用意する

いよいよドラム缶に炭材を詰めていく。炭材にするのは主に間伐材。この窯では一週間に二回のペースでやけるので、伐採の期間は問わない。

里山管理や環境教育のための炭やきなら、庭の立ち木や打ち払った街路樹の枝などの雑木を使いたいところ。また、火もちのよい炭が欲しい場合は広葉樹、火つきのよい炭が欲しいなら針葉樹を選ぶとよい。竹も貴重な炭材になる。こちらは二つに割って節を抜き、長さをそろえておこう。

炭材は直径一〇cmぐらいのものが望ましい。窯の高さに合わせて、あらかじめ長さ五六cmに切りそろえておく。さらに、三週間ほど乾燥させておくと窯の熱効率が良くなる。

●炭材を窯に詰める

ドラム缶の中央に鉄筒を置き、周囲に炭材を詰めていく。太いものから順に、火力の強い焚き口近くに詰めるのがコツ。鉄筒が中心からズレないように注意し、隙間なくどんどん詰め込んでいこう。木と木の間には竹を詰めるとよい。入りにくいときはハンマーで叩くと難なく入る。隙間が少なければ少ないほどやきムラも少なく、炭の収量も多くなる。

ふたと炭材の隙間に細い枝などを詰めると、火がつきやすくなる（中央の鉄筒を避けて入れる）。

●炭材を詰めたらふたをかぶせる

炭材を詰め終えたらドラム缶のふたをかぶせる。繰り返しやいているうちに、ふたの注ぎ口の二つの穴の溶接が溶けて落ちるので、瓦の破片などで穴をふさいでから使うようにしたい。

さらにふたの上から、湿った土を一〇cmぐらいの厚さに盛っていく。このとき、中に空気がこもらないように、スコップの背や木槌などを使って表面をペタペタと叩き、全体を締めていく。

〔炭材をぎっしり詰め込む〕

①火の通り路となる鉄筒を中央の穴の上に置く

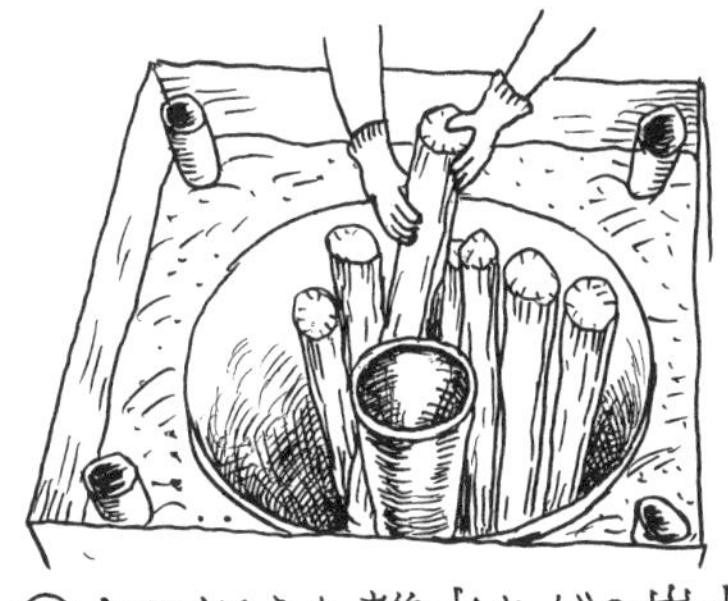

②切りそろえた雑木などの炭材を詰める

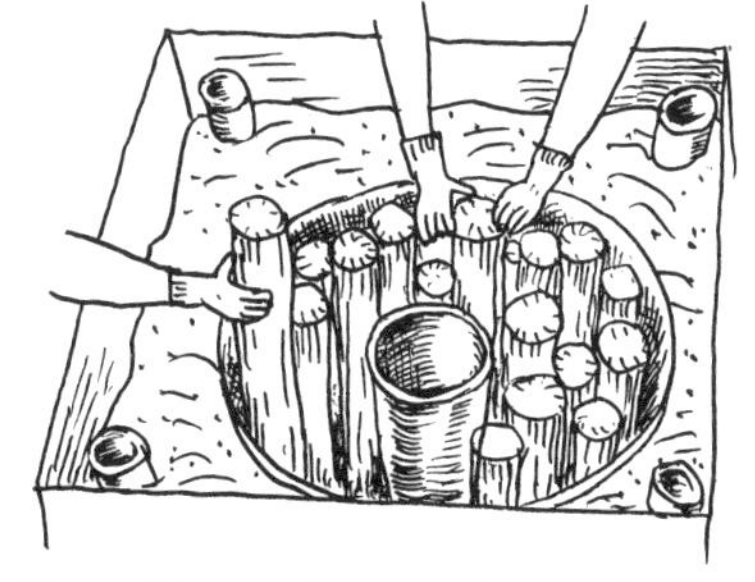

③鉄筒がズレないように注意する

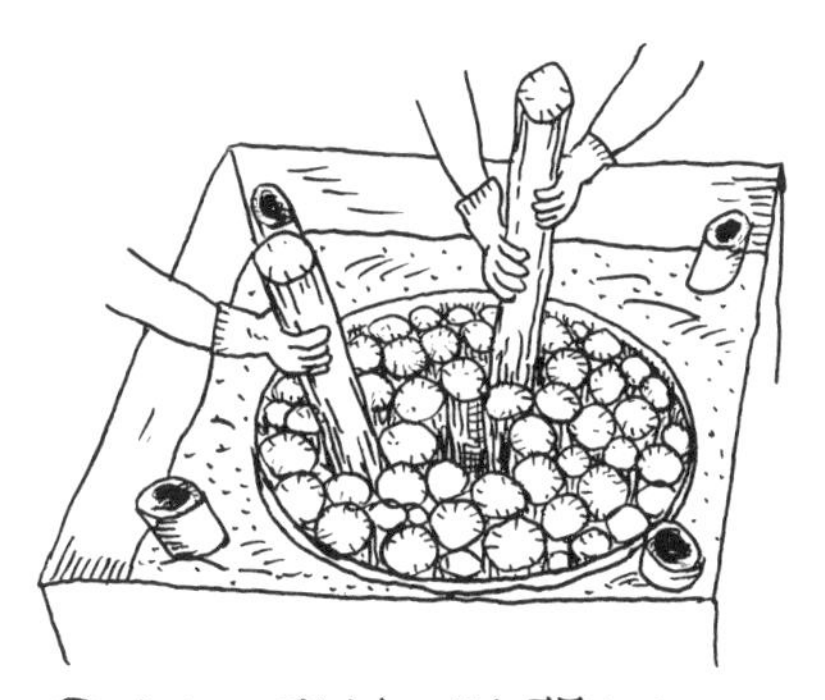

④大小の炭材を隙間なくぎっしり詰め込む

⑤フタをしてフタのまわりや上部に土を盛る

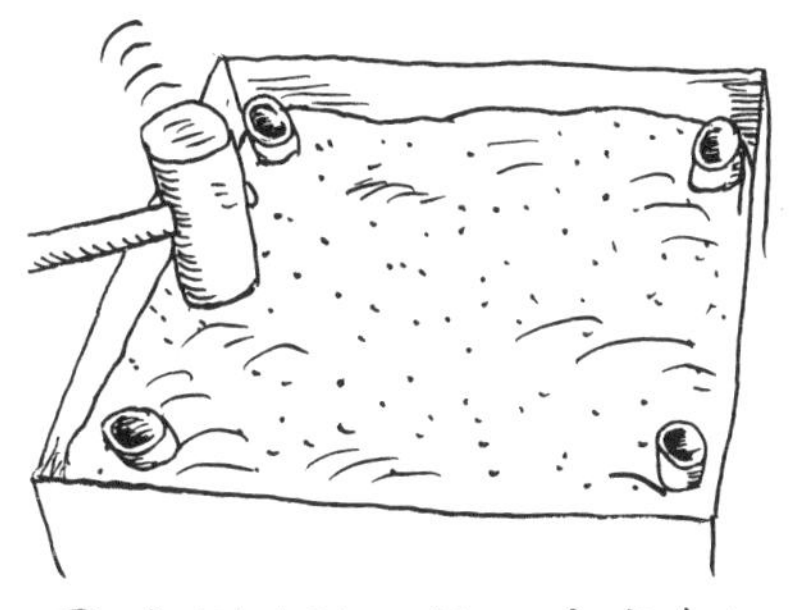

⑥木槌などで叩いて土をよく締める

●手順⑤ 火入れをし、木酢液を採取する

●いよいよ火入れ

焚き口に枯れ葉やよく乾いた細い枝などを入れて火入れをする。しっかり火がついたら、長い木を燃材に使うと見回りの回数が減るのでラク。周囲に落ちている木も掃除がてら有効に使おう。

火が順調に燃え出したら、火止めを待つまでの間は思い思いに過ごす。以前やいた炭を使ってバーベキューパーティーを開いたり、燻製(くんせい)づくりなどをしても楽しい。火入れから火止めまでに要する時間は八〜一〇時間。明るいうちに作業が終了するよう、時間を逆算して作業を開始しよう。

●木酢液を採取する

木酢液の採取や火止めのタイミングは、煙の色で判断する。煙の出が悪いときは、棒で煙突を突いてやるとよい。初めの一時間ぐらいは白くて水っぽい煙で、手をかざすと湿っぽくなり水滴がつく。火入れ後二〜三時間すると、刺激臭のある白い煙が出てくるが、これが木酢液を採取する合図。煙の温度は約八〇℃になっている。

節を抜いた三〜四m(屋根をつけたときは、それより先が外に出る長さ)の竹を二本用意し、ちょうど煙突にかぶさる位置に穴を開ける。

煙突から二〇cmぐらい離した位置に、一〇〜三〇度傾斜させ、煙が流れるのを確認して支柱をクロスさせた上か、屋根に二か所固定する。竹の下の穴は布や泥などで詰め物をしておく。

タイミングを見計らって、前後の煙突に渡し、その先に採取用の漏斗(ジョウゴ)、管、一升瓶を取りつける。竹の中を伝った煙が冷えて液体になり、瓶にたまっていく。

やがて煙の色は次第に青味を帯びてくる。ここで木酢液の採取を終了する。やがて煙はタバコのような青い色になり、刺激臭もなくなりだんだん透明になっていく。

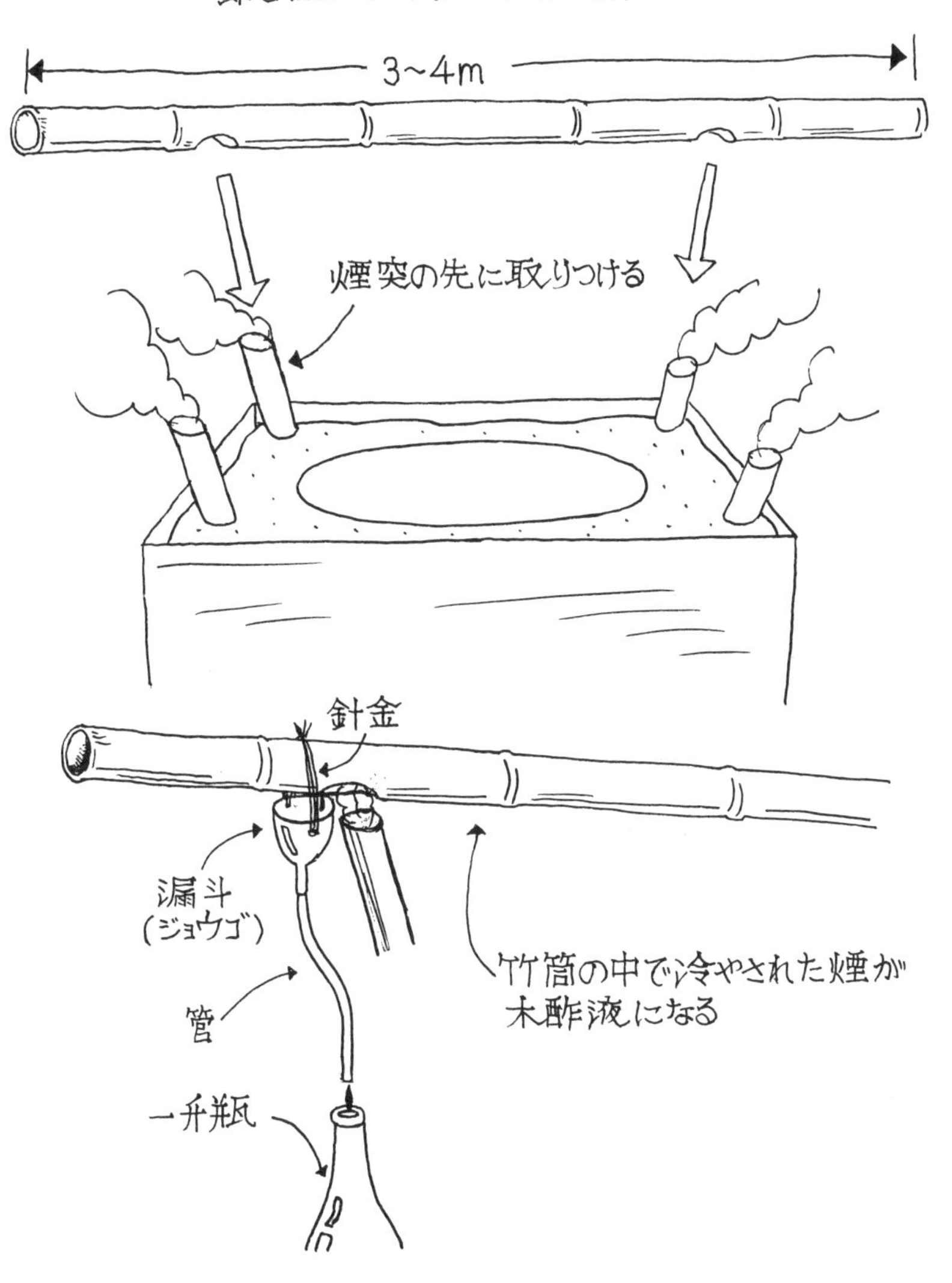
〔木酢液の採取装置を取りつける〕
節を抜いた竹(２本)を用意する
3〜4m
煙突の先に取りつける
針金
漏斗
(ジョウゴ)
管
竹筒の中で冷やされた煙が
木酢液になる
一升瓶

○手順⑥ 火止めをし、炭出しをする

●火止めのタイミング

火止めのタイミングは、火入れから約八～一〇時間後が目安。煙が無色透明になり、温度が一二〇℃くらいに達していればOK。空気を遮断するためにU字溝の焚き口にレンガを積み、その上から湿った土をかぶせてふさぐ。このときも木槌などで締めておくことが肝心だ。この作業は二〇～三〇分かけ、十分にタールを抜いておきたい。

濡らした布をきっちり巻き、煙の抜けた排煙口から順にふさいでいく。炭にタールがつくと、色が悪く、燃やすと煙の出る炭になってしまう。

そのまま二～三日置いて炭を冷ます。途中で雨が降ってもよいように、屋根をかけておくのが理想だが、窯の上にトタン板をかけるだけでもよい。

炭出しまでに次の炭材を切りそろえておき、炭出しと炭材入れを同時に行い、いつでも火入れできるようにしておく。こうするとドラム缶の酸化を防ぎ、繰り返し二年は使い続けることができる。入れ替えの際、ススやタールを取り除いておくことが大事。あまりにも煙の出が悪いときは、四本の煙突を少しずつひねりながら抜き取って掃除をし、また入れ込んでおけばよい。このとき隙間は土で補修しておく。

●ドラム缶窯が冷えたら炭出しをする

火止めをして二、三日後、中の炭が冷えたのを確認し、土を取り除いてふたを取る。「どれどれ、ちゃんとやけたかな?」と、期待と不安の入り交じる瞬間だ。窯の中に均一に火が回るのが縦型ドラム缶の特徴。やいた炭も均一になる。

炭化が不十分な場合は、そのままもう一度火入れをするだけでよい。うまくできれば一回の炭やきで一二kgの炭ができ、収炭率は約二〇%。たとえ失敗があったとしても、その原因をよく検討して次回のチャレンジにつなげたい。

〔火止めをし，炭出しをする〕

① 焚き口にレンガを積み
粘土をかぶせてふさぐ

② 排煙口を粘土などでふさぎ
中を密閉する

③ 炭を冷ましたあと，盛り土を
取り除く

④ いよいよフタをはずす

⑤ 炭出しをする

⑥ みごとな黒炭のでき上がり

○2 横型ドラム缶窯をつくって炭をやく

●手軽で簡単に楽しめるドラム缶窯

庭先や空き地、野原などでも手軽に確実に炭やきを楽しめるのが、横型のドラム缶窯だ。

炭材は間伐材、家庭や街路樹の剪定枝、建築廃材、竹など、身近なものをなんでも利用できる。

順調にいけば、窯の設置から加熱時間を含めて八〜一〇時間で炭が完成する。

午前十時ころから窯づくりに取りかかり、夜八時には窯口と煙突口をふさいで翌朝取り出すというのが一般的。

参考までに横型ドラム缶窯のつくり方や炭のやき方については、本書の姉妹版ともいえる『【アウトドア術】エコロジー炭やき指南』（岸本定吉・杉浦銀治・鶴見武道監修、創森社）に詳述していることを付記しておく。

●横型ドラム缶窯のつくり方・やき方

①窯本体と窯口をつくる。

ドラム缶で窯をつくり、ドラム缶のふたに石油缶でつくった窯口を取りつける。

②煙突と木酢液採取装置を取りつける。

本体後方に排煙用の煙突を取りつけ、その先に木酢液採取装置を設置しておく。

③窯を固定して炭材を詰め込む。

地面を掘ってドラム缶を据えつけ、あらかじめ乾燥させておいた炭材を太さごとに詰め込む。

④ふたをして、全体に土をかぶせる。

本体に窯口つきのふたを取りつける。窯口を固定し、窯本体に土をかぶせる。

⑤燃材を入れ、火入れをする。

いよいよ火入れ。煙の色や温度を見ながら火止めのタイミングを計る。

⑥火止めをし、炭出しをする。

火止めから一昼夜、窯の中の温度が十分下がったところで、炭を取り出す。

平タガネなどでドラム缶のふたをはずす

炭化した剪定枝や廃材

炭化が進み、煙の温度が上昇

●伏せやきの資材・道具と主な手順

●最も原始的な炭やき法

伏せやきは、畳一枚分の広さを深さ三〇cmほど掘り起こし、七～八時間で炭化を終わらせる炭やき法である。必要な材料は、煙突、丸太、耐火レンガ数個、トタン板だけというシンプルさが特徴。古代の人たちの営みを思い起こしながら、素朴な味わいを楽しもう。

●前もって用意する資材

煙突　直径一二cm、高さ一mのもの。一本。
丸太　敷木用のもの数本。
円筒　木酢液採取用。四m以上のもの。
耐火レンガ　一〇～一二個くらい。窯口をつくる。
トタン板　窯の中に雨や水分、土が入るのを防ぐ。一枚。

●作業に必要な道具

伏せやきに必要な作業道具を次に列挙する。

スコップ、ノコギリまたはチェーンソー（炭材を切るため）、オノまたはナタ（炭材を割るため）、熊手（枝葉集め用）、温度計、ペンチ、ビニールシート（雨の日対策）、バケツ、ホウキ、ゴミ袋、炭袋など。

服装は動きやすく汚れてもよいもの。靴は地下足袋などの土の入りにくいものか運動靴。手には軍手を忘れずに。

●伏せやき窯のつくり方・やき方

①窯をつくり、敷木を並べる。
長方形の穴を掘り、穴の底に敷木を並べて土台づくりをする。
②窯口・排煙口をつくり、炭材を積む。
窯口をつくり、煙突を設置する。窯に炭材を並べ、枯れ草などでおおう。
③窯全体に土を盛り、火入れをする。
窯全体にトタン板をかぶせ、窯口に火を入れる。
④火止めをし、炭出しをする。

〔伏せやき法で炭をやく手順〕

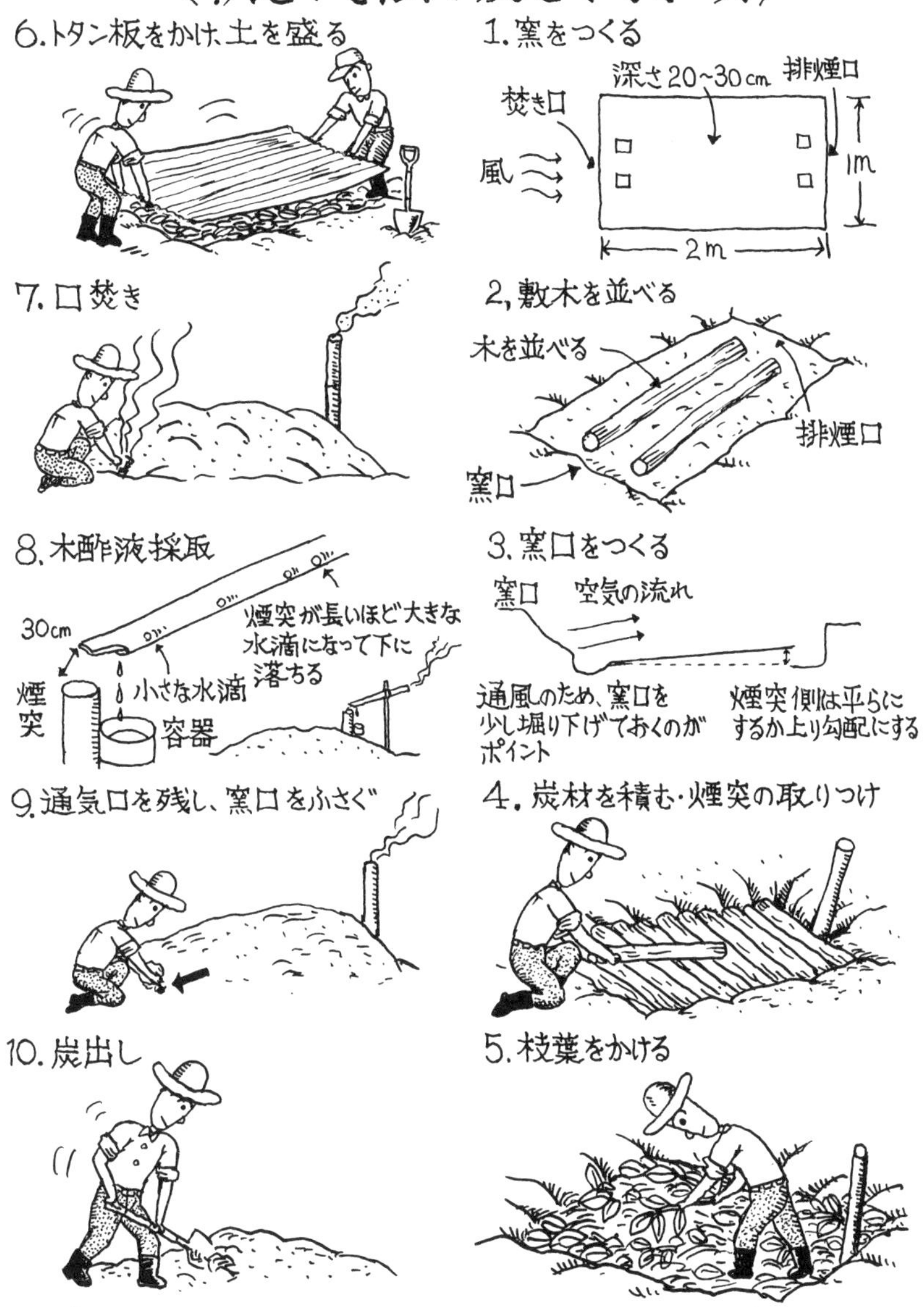

『エコロジー炭やき指南』（岸本定吉・杉浦銀治・鶴見武道 監修、創森社）より

●手順① 窯をつくり、敷木を並べる

●風向きを見て穴を掘る

窯の位置は、窯口から風が吹き込むように設置するのが基本。

湿気や石の多い場所や、強風が吹き抜ける場所は避けよう。棒にひもやテープを結びつけ、風になびかせて風向きを調べる。

方向が定まったら、長方形の穴を掘る。サイズは、縦二m、横一mで、ほぼ畳一枚分が目安。

深さは三〇㎝前後。二〇㎝より浅いと窯の上部が炭化しにくいし、五〇㎝以上だと、つんのめって作業がしにくくなる。

作業をするときは、あらかじめ畳一枚分くらいの大きさの長方形の線を引いて、外側からどんどん掘っていくと効率的である。

さらに、窯口を低くして、奥に向かって三〜五度の上り勾配にすると、風通しがよくなる。掘り出した土は、最終的には盛り土として窯にかけるので、穴の両側に盛り上げておく。

●敷木を並べて土台をつくる

穴が掘れたら、風の吹き込む方を窯口、風下を煙突口に決め、敷木を並べて土台づくりをする。敷木は炭材が直接地面に触れないためと、通気をよくするためのもの。直径一〇㎝、長さ一・五mの生丸太がよい。窯の中央に二本、縦に二五㎝くらいの間隔で並べる。

生の丸太は水分を多く含んでいるうえ、地面に接しているので、炭になりにくい。そのうえ、窯内は前方かつ上方から熱分解が進むので、敷木は最後まで土台の役割を果たしてくれる。

窯口、排煙口にはそれぞれ太い丸太を二本置いて、横に渡しておく。

また、炭材が直接地面に触れたり、炭化が進む過程で炭材が収縮し、敷木の間に落ち込んだりしないように注意しよう。

場所を決め、長方形の穴を掘る

窯の中央に敷木を並べる

●手順② 窯口・排煙口をつくり、炭材を積む

●窯口をつくる

空気の流れをよくするために、窯口は煙突口よりもやや低い位置につくる。

伏せやきの場合、一般に前方かつ上方から炭化が進むので、時間をかけすぎると灰になる量がふえてしまう。窯底は平らにするか、奥の煙突口に向かって三〜五度程度の上り勾配をつける。

●煙突を取りつける

煙突はステンレス製で、直径一二㎝、高さ一mのものを一本用意する。節を抜いた竹を使ってもよい。煙突の地面に接する側に排煙口として一辺一〇㎝ぐらいのスペースを開けておく。

煙突の切り込み口を、敷木の高さに合わせると、効率よく空気が流れ、炭材もすべて炭化するようになる。

L字形の煙突をそのまま敷木の中央に設置し、ブロックや石で支えてもよい。

●炭材を隙間なく重ねていく

炭材を敷木の上に横に並べていく。炭材は、太さ五㎝前後、長さ五〇〜六〇㎝に切りそろえる。太い木は、オノやナタで割っておく。

下には炭化しやすい細いもの、中央部に太いもの、上のほうに点火しやすい細い木材をのせる。細いものから順に隙間なく並べていくのがポイントである。

全体で三〜四段程度、高さ三〇㎝ぐらいまで積み重ねる。

●枝葉をかける

炭材を並べ終えたら、枯れ草、枯れ葉、ススキ、ワラなどを、隙間なくこんもりとのせて、窯全体をおおう。厚さは一五〜二〇㎝ぐらい。

枝葉は特大ゴミ袋で一〇袋分は用意したい。窯の側面や炭材の間、煙突の周囲などに隙間なく入れていき、こんもりと全体をおおう。

炭材を隙間なく積み上げる

耐火レンガで窯口をつくる

枝葉などをこんもりのせ、窯全体をおおう

●手順③　窯全体に土を盛り、火入れをする

●トタン板をのせ、土を盛る

こんもり盛った枝葉の上からトタン板をかぶせる。トタン板の大きさは、窯の幅よりもはみ出さないこと。炭化が進むと、炭材の体積が減るため、窯全体が沈んでいく。その際、トタン板が窯からはみ出していると、中に空洞ができてよい炭がやけなくなってしまう。

トタン板をかぶせたら、さらにその上から両側に盛ってあった土をかぶせる。これは、炭やきで生じる熱の保温効果を高めるため。厚さは一五cm以上は欲しい。こうして伏せやき窯の完成だ。

穴を掘り始めてから完成まで、大人二人がかりで二時間。四～五人なら一時間でき上がる。

●火入れをする

窯の用意ができたら、窯口に火を入れる。火つきのよい枯れ葉や枯れ草を適量入れて火をつけ、点火したら、細い小枝などをくべ、だんだん太い木を燃やしていき、火に勢いをつける。

なかなか点火しないこともあるが、焦らず根気よくあおぎ続けること。炭材の下よりもやや手前で口焚きすると、火のつきがよくなる。

また、火がまわりに移ったりしないよう、火の用心のためバケツに汲んだ水を用意しておこう。

●木酢液を採る

煙突口から出てくる煙を冷却することによって、木酢液が採取できる。

長い円筒を煙突口から三〇cmほど離し、一〇～一五度の傾斜をつけて設置する。円筒は杭をクロスさせて支柱をつくり、二か所くらいで支えるようにする。

やがて、煙が長い円筒を伝う間に冷やされ、円筒の端からポタポタと落ちてくる。そこを地面に置いた容器で受ける。こうすれば貴重な炭やきの副産物、木酢液が採取できる。

枝葉の上にトタン板をかぶせる

土を15cm以上の厚さでトタン板の上に盛る

●手順④ 火止めをし、炭出しをする

●窯口をふさぐ

煙突から出てくる煙の温度が七〇～七五℃。煙突に手をかざすと、じっとしていられないくらいの熱さが、窯口を狭める目安になる。

窯口に耐火レンガを組み合わせて入れ、通気口を残して土でふさぐ。

耐火レンガがなかったり、足りなかったりした場合は、下から土を盛っていき、指三本分くらいの穴を開ける。六～八時間くらいで炭化が終了。ここで窯口全体をふさぐ。

●煙突を引き抜く

窯口をふさいだのち、約三〇分間煙を外に出し続ける。最後に熱分解するリグニンがタール分を出すので、十分煙を排出させないと、炭にタール分がついてしまうからだ。

煙が十分に抜け切ったころを見計らって、軍手をはめ、ペンチを持って煙突をグイッと一気に引き抜く。このとき、煙突の温度は三〇〇～四〇〇℃に達しているので、くれぐれもやけどには注意しよう。引き抜いたあとの排煙口は、土をかぶせて密封する。

●炭を取り出す

窯口と排煙口を閉じてから、半日以上かけて窯が冷えるのを待つ。

土を取り除き、トタン板をひっくり返す。さて中はどうなっているだろう？

トタン板の下からまず白っぽい灰が上がる。窯口近くは灰になっていても、中が炭になっていれば大成功。みんなが喜ぶのは、このときである。できたての炭は、トタン板の上にどんどん並べていき、十分冷ましてから収納する。

未炭化のものは、別の機会に燃材としてきちんと利用すること。最後には掘った穴を埋め戻し、元通りにしておくこと。これが炭やきのマナーだ。

窯口をふさいだあとも煙を出し続ける

煙の温度70〜75℃が窯口を狭める目安

トタン板をひっくり返し、炭を取り出して冷ます

●穴やきの資材・道具と主な手順

●小さなスペースでも可能

穴やき法は、地面に丸い穴を掘って木をやいて炭をつくるという、最も手軽で原始的な炭やき法である。庭先や空き地などちょっとしたスペースがあれば、どこでも実行可能なやり方だ。

まわりに燃えるもののない場所なら、一坪ほどのスペースで十分炭やきを楽しむことができる。

掘った穴の底で小枝を燃やしてオキ火（炎を上げずに燃え続ける状態の火）をつくり、炭材を入れていく。

その上に枯れ葉やトタン板をかぶせて煙を抜き、炭化を進行させる。排煙口を密閉し、一晩置くだけで炭のでき上がり。

ただし、やき上がったときに、穴の周辺付近の炭材が未炭化な場合が多く、効率のよい炭やき法とはいえない。そこで、キャンプや庭先で、ちょっと炭やきを楽しみたいというときにおすすめな方法である。

●前もって用意する資材・道具

道具としてノコギリ、オノ、カマ、シャベル、スコップ、バケツなどが必要。トタン板を使う方法なら、半分の大きさのものを五枚用意する。

資材・道具はたったこれだけ。これまで紹介した炭やき法に比べると、いたってシンプルだ。

●穴やきの主な手順

穴やき法の主な手順を紹介する。

①穴を掘りオキ火をつくり、炭材を投入。

直径一ｍの丸い穴を掘る。穴に枯れ枝を敷き、燃やして内部をやき固める。オキ火をつくってから炭材を投げ込む。

②枝葉や土をかぶせ、穴をおおう。

炭材の上に枝葉などをかぶせ、さらに土をかける。枝葉などをかぶせる代わりにトタン板をかける方法もある。

穴やきは庭先や空き地でも可能

地面に丸い穴を掘る

●手順① 穴を掘りオキ火をつくり、炭材を投入

●身近な場所から炭材を探す

手軽で簡単にできる穴やき法なので、わざわざ遠くまで炭材を探しに行くこともないだろう。

近所で拾った枯れ枝や庭木などを剪定した枝、使い古しの割り箸、不要になった木箱を解体したもの、建築廃材など、身近にあるものすべてが炭材となる。

炭材は前もって十分に乾燥させ、長さを三〇cmほどに切りそろえておく。

●丸い穴を掘る

穴やき窯に必要なスペースは、一坪（三・三m²）ほどで十分。まわりに燃えやすいものがないことを確認しよう。

場所が決まったら、直径一m、炭材の量に応じて深さ四〇～六〇cmの穴を掘る。掘り出した土は穴の周囲に盛り上げる。さらに丸太や板などを使って穴の内側を打ち固めていく。

●穴の中で焚き火をして土を乾燥させる

窯の中を乾燥させるために、穴の底に枯れ草を敷き、乾燥した小枝などを約二〇cmの高さに積み上げて、火をつける。こうして窯の壁になる部分の土をやき固めると同時に、オキ火をつくる。

オキ火をつくるには、火のつきやすい枯れたスギの葉や、ナス科の植物が便利。しばらく燃やし、炎を上げずに燃え続ける状態になればOK。

穴の中で焚き火をして十分に土をやき固め乾燥させておくのが、穴やきを成功させる秘訣。それから、次の作業に取りかかろう。

●炭材を投げ込む

オキ火が窯全体に行き渡った頃合いを見計らい、穴の中に炭材を次々と投げ込んでいく。

穴の八分目の高さくらいまで炭材を投げ入れると、白い煙が立ち昇る。煙の間から炎が出ている所には、炭材を入れて炎を防いでいく。

底に枯れ草や小枝を積み上げる

火をつけて周壁をやき固め、オキ火をつくる

●手順② 枝葉や土をかぶせ、穴をおおう

●穴を枝葉でおおう

穴の八分目くらいまで炭材を入れ、穴全体から白い煙が立ち昇るようになったら、小枝や枯れ枝を全体にすっぽりとかぶせる。タケニグサなどの野草や枯れ葉を利用してもよい。

さらにその上から土をかけ、一〇cmぐらいの厚さにする。このとき、真ん中の部分だけ、もしくは側面の一部だけを排煙口として残し、そこから白煙を出しておくこと。煙の色が青白くなったら、全面に土をかけて密閉する。

炭化の経過は伏せやきと同じ。穴から出てくる煙は水蒸気→白煙→青煙となるが、穴やきは、未炭化炭が多く出るため、最終的に無煙にはならないのが違うところ。

●トタン板をかぶせる方法もある

もう一つのやり方を紹介しよう。

炭材に火がついて、下のほうから十分に煙が立ち昇ってくることを確認したら、穴の真ん中だけを煙の出口になるように開けてトタン板をのせていく。四枚くらいのトタン板で、中央を開け、全体をおおうように配置する。

青白い煙になったら、中央部にもトタン板をのせる。その上から土を均等な厚さになるようにかぶせ、そのまま一晩置く。

トタン板がなければ、コモや野草をかぶせてもよい。空気を遮断する役目を果たすので、その上から土をかけるだけでもよい。

●いよいよ炭出し

翌朝、土やトタン板をはずして、中の炭を取り出す。こんなに簡単な方法でできるのかと思われるのだが、意外に満足のいくできばえになる。

穴の壁面の土の乾燥具合によっては、周辺の木材が炭化しきれていなかったりするが、それは次回の穴やきのときのオキ火用に使えばよい。

炭材を入れ、枯れ枝などをのせて土をかける

土を掘り返し、中の炭を取り出す

●林試式移動窯の特徴と使い方

●林試式移動窯とは？

林試（りんし）式移動窯とは正式には「林試式移動炭化炉」といい、旧林業試験場（現・森林総研）の木炭研究者たちが考案した炭やき窯のこと。

三段に分かれたステンレス製の円筒形の窯で、組み立て式になっていて簡単に移動できる。炭材が手に入る場所なら、どこにでも出向き、その場で炭やきをすることができる、手軽でコンパクトな移動窯である。

この窯は、どちらかといえば良質の炭をやくよりも、廃材や間伐材などを生かすための炭やきに向いている。

●窯を設置する

まずは設置場所を決める。乾燥した広場で、火災の心配がなく、水の便がよい所。さらに風向きによって近隣の住民に煙の迷惑のかからない場所を選ぼう。

窯の位置が決まったら、平らにならして整地する。さらに窯の最下段の外側に、円形の排水溝を掘っていく。円の内側は中心に向かって三％の勾配になるように、窯底を盛り上げる。

●杭を打ち、炭材を詰める

窯底の円の中心部に直径二〇㎝のくぼみをつくり、窯全体の高さと同じくらいの長さ（約一・八m）の乾燥した木材を四本ほど立てる。

さらに窯底に敷木を放射状に並べ、下段から炭材を縦に詰め込んでいく。このとき、炭材で排煙口がふさがれないように気をつける。炭材は直径一〇㎝ぐらいのものが炭化しやすい。同様に中段、上段の順に詰め込んでいく。中・上段にはやや太めの炭材を入れるとよい。

最上部に着火材となる上げ木の細い枝や、乾燥材を山盛りにのせる。これで炭材の詰め込みは完了。隙間なく詰め込んでいくのがコツ。

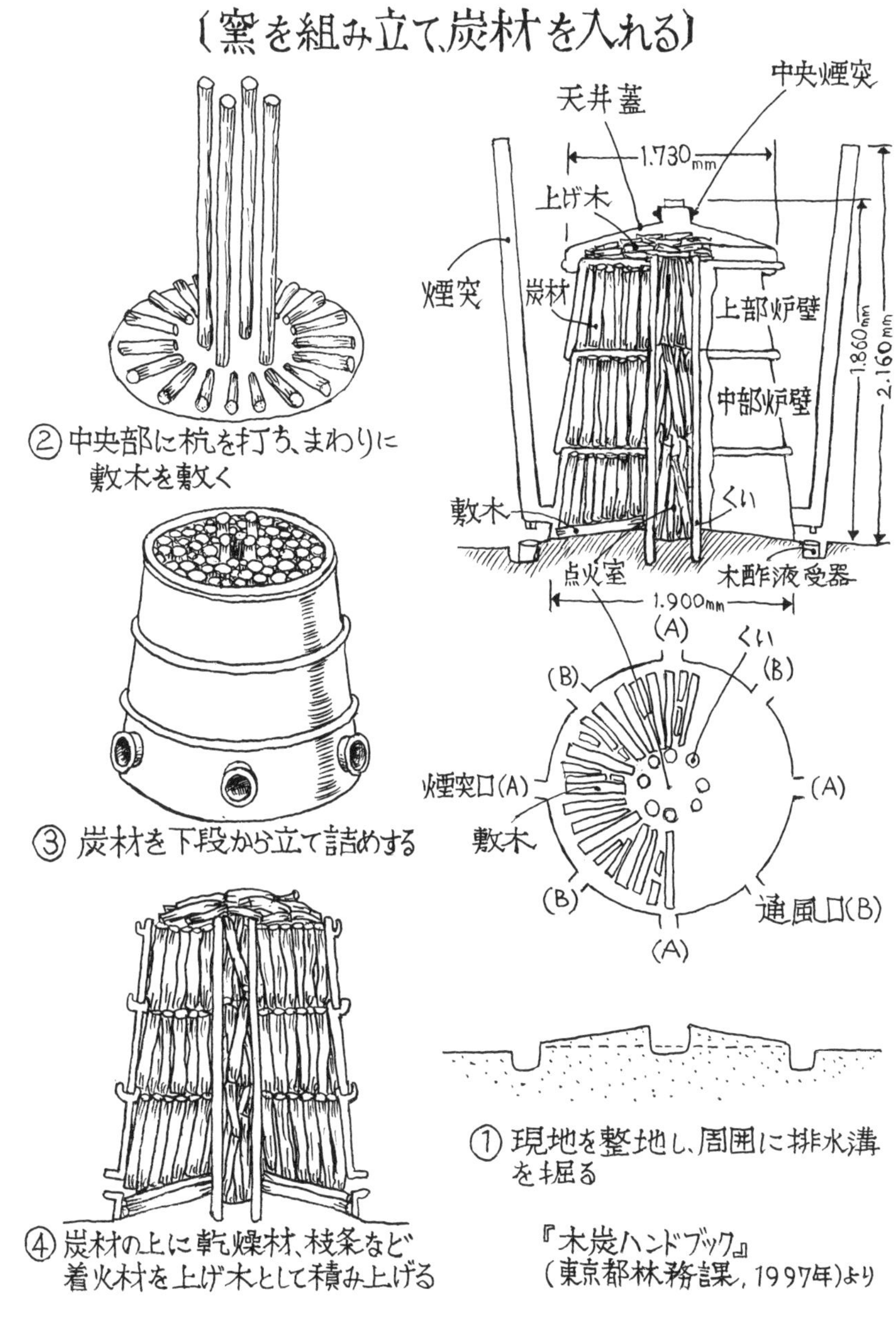
〔窯を組み立て、炭材を入れる〕
中央煙突
天井蓋
1.730mm
上げ木
煙突
炭材
上部炉壁
1.860mm
2.160mm
中部炉壁
敷木
くい
点火室
木酢液受器
1.900mm
(A)
くい
(B)
(B)
煙突口(A)
(A)
敷木
(B)
通風口(B)
(A)
②中央部に杭を打ち、まわりに
敷木を敷く
③炭材を下段から立て詰めする
①現地を整地し、周囲に排水溝
を掘る
④炭材の上に乾燥材、枝条など
着火材を上げ木として積み上げる
『木炭ハンドブック』
（東京都林務課，1997年）より

◯手順 点火し、煙突を組み立てて炭化

●点火し、煙突を立てる

上げ木に点火するときは、新聞紙など乾燥して燃えやすいものを使い、マッチで点火する。勢いよく燃焼を始め、炎が一ｍくらい上がる。このとき火の粉が飛び散るので注意しよう。だから、着火は風の弱い日の早朝などが望ましい。火種を十分につくることが、あとの炭化につながる。

点火後約一～二時間で火種ができたら、天井にふたをかぶせる。すると中央の煙突から白い煙がもくもくと立ち昇る。

このとき窯壁の連結部を粘土で密閉する。さらに一時間後、下段の壁を手で触り（やけどしないように注意）、かろうじて触れることができるくらいの熱さなら確実に着火している。

下段に四本の煙突を金具で固定する。全部で八つ開いている穴のうち、一つおきに煙突を取りつけていく。残りの穴は通風口になる。

中央の煙突にふたをしたとき、まわりの煙突から勢いよく煙が出れば、着火完了。煙は煙突で冷却され、木酢液が採取できる。

●通風口をふさいでいく

煙突から立ち昇る煙が青くなるまで放置する。通風口から中をのぞくと、赤熱した炭が見える。

煙の色が薄くなったら、煙突を順次隣の通風口に移し、炭化を続ける。煙の色が透明になったら、順次煙突をはずして、穴を粘土でふさいでいく。こうして八か所の穴を全部ふさいで火止めをして、中の炭材が冷めるのを待とう。

炭化に要する時間は、木材で一八～二二時間、竹材で四～八時間、冷却時間は五～六時間を要する。収炭率は一二～一五％ほどである。

窯壁が完全に冷めたら、天井のふたを取りはずす。上段から順に取りはずし、炭を取り出す。できた炭は一昼夜放置すれば持ち帰れる。

〔点火し、煙突をつけて炭化させる〕

①点火室で着火する。窯壁のつなぎ目は砂や粘土でシールする

②火種ができたら天井のフタをのせる

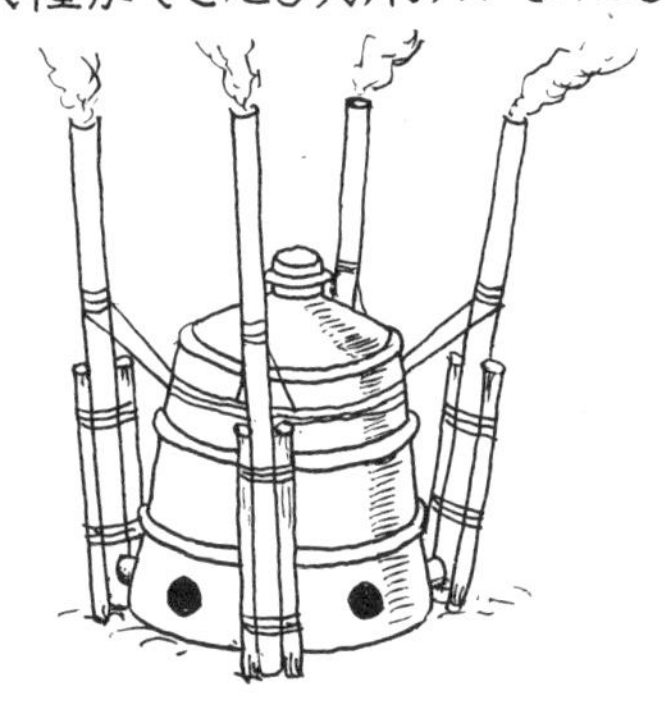

③煙突を一つおきに取りつける。残り四つは通風口になる

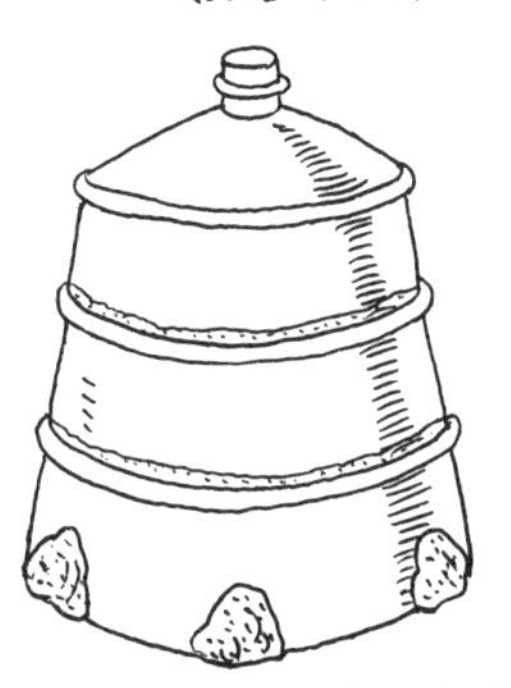

④粘土で8か所の穴を密閉する

⑤窯壁が完全に冷却したら上段から取りはずす

⑥炭出しをする

『木炭ハンドブック』(東京都林務課, 1997年)より

◆地域発・炭やきムーブメント③

土壌改良用粉炭（秋田県・仙北東森林組合ほか）

森林資源を有効活用していくうえで木炭が注目されている。地元の農業者には土壌改良用として喜ばれ、一方で特産品として地域の活性化を図ることが可能だからである。

仙北東森林組合（秋田県）で販売している純粋木炭粉は「大地の友」。秋田杉を中心にした未利用間伐材や端材を粉炭にしたものである。一九九三年に主に農業分野に役立つ「土壌改良用炭」として発売したが、それまであまり知られていない用途だったので、販売には苦労したという。

しかし、同組合では実績データの裏づけが最も強力な販売促進になると考え、一九九五年に地域が離れた水田二か所で、粉炭を使用した場合と未使用の場合とで調査を実施した。その結果、粉炭を用いると、収穫量が確実にふえ、イネ倒伏の減少が見られた。米の食味も粉炭使用田では、いずれもAランクという好結果が得られた。

また、畑作などに使用した場合は、連作障害や土壌障害を軽減し、丈夫で美味な作物づくりに役立つこともわかった。

こうした好結果を実感してもらうために、農業を営む組合員に無償提供し、役職員一丸となって普及に努めた結果、徐々に口コミで知られるようになっていった。

このほか、大子（だいご）森林組合（茨城県）でも一九九四年から間伐材を利用した炭化事業として粉炭製造に取り組んでいる。公的試験研究機関と果樹園芸農場に依頼して得た優れた成果をもとに、とくに近隣地域の果樹栽培者にアピールしている。

同じく粉炭を君津市森林組合は「スミ一番」の商品名で販売している。粉炭の粒子の直径により分類した三種類がある。粒子の直径三㎜以下はポット苗などに、三～七㎜は露地の畑に、七～一〇㎜は水田への利用に、という用途の説明は親切でわかりやすい。

木炭の販売だけでなく、木炭製造の副産物として木酢液を同じく土壌改良用として売り出しているのはどこも共通している。

HANDBOOK OF CHARCOAL MAKING

炭・木酢液
インフォメーション

里山で炭やきを楽しむ

●炭やきの里の「炭やき塾」の試み

●二十一世紀の炭やきを担う醍醐黒炭窯

かつて「炭やきの里」として栄えた、東京都八王子市西部、上恩方の醍醐地区にある恩方手づくり村で、新時代の炭づくりを目指して活動を続ける多摩炭やきの会と恩方一村逸品研究所では、一九九七年七月、第一回「炭やき塾」を開講した。講座は「第一期　窯づくり編」と「第二期　炭やき・山仕事編」の二度行われた。このとき、炭やきの会副会長の杉浦銀治氏の指導のもとに築かれたのが、地区名を冠した「醍醐黒炭窯」である。

黒炭窯は日本全土に分布している最もポピュラーな炭やき窯。本来は、その土地の石と土を利用して築かれるため、それぞれの場所に適した黒炭窯が発達してきた。

このモデル黒炭窯は、耐火性の強いレンガやセメントを用いて、立地や地理的条件にかかわらず同じスタイルでつくることが可能である。

二十一世紀の市民の手による本格的な炭やきの輪を広げる、画期的な窯として注目を浴びている。現在は二号窯（東京都多摩市）、三号窯（愛知県北設楽郡設楽町）と、醍醐黒炭窯に続く黒炭窯が登場している。

●三泊四日で窯づくりを体験

炭やき塾には、約四〇名の受講生が参加。それぞれ三泊四日の二度にわたる講座で、窯づくり、炭やきを体験した。

［第一期　窯づくり編］

一日目　開講式、講義、窯壁づくり。「窯土運び」「簡易移動窯据えつけ」「排煙口製作」の三班に分かれて作業。

二日目　窯壁づくり終了、天井づくり準備。「築窯」「木酢液」「煙道据えつけ」の三班に分かれて作業。

三日目　天井づくり終了。

前日と同じ。

四日目　仕上げ作業、閉講式。

[第二期　炭やき・山仕事編]

一日目　開講式、講義、炭材準備作業。

木材運搬、窯の整備、炭材加工、木酢液採取装置取りつけ。

二日目　炭材立て込み、着火。

環境整備、木肌染め、コンニャクづくりの講習、竹林の手入れ、運搬。

三日目　窯内炭化中、木酢液採取、原木の伐り出し。

炭やきの会・日本木炭新用途協議会名誉会長の岸本定吉氏の講演、山口公子氏の炭琴演奏、岡淳氏のサックス演奏。

四日目　後片づけ、植樹祭、閉講式。

三週間後　窯出し（炭出し）

●広がる炭やきの輪

当日の参加者からは、「緑におおわれた山々、清々と流れる川水……そんななかでの仲間との語らいや地元の方との交流は、何をおいても楽しかった」（H・Kさん、多摩市）「環境共生に興味があり勉強中……調湿効果や木炭紙の存在を知り、一度自分でつくってみたかった」（M・Kさん、板橋区）といった声が寄せられている。

都会での暮らしのなかで、忘れ去られた自然との触れ合い、さらには環境保全や新しい環境づくりに役立つ、炭の新たな可能性……。

炭やき塾には、さまざまな炭の魅力に魅せられて多くの人が集い、炭についての知識・技術を学び、交流を深め合っている。

ちなみに醍醐地区の手づくり村では、本格的な黒炭窯、手軽にできる横型ドラム缶窯、林試（りんし）式移動窯、角型窯、伏せやき窯を設置しており、炭窯の展示場といった趣になっている。

そのため、国内各地はもとより、海外からの視察者も多い。

多摩炭やきの会と恩方一村逸品研究所では、手づくり村に設置した黒炭窯などを使った炭やき塾を定期的に行い、炭やきの知識と技術の普及を図っている。

●幻の「案下炭」をよみがえらせる

●江戸で名高い「案下炭」

東京都八王子市の恩方は、昭和の中ごろまで、炊事・暖房用の燃料として周辺地域の人々に広く愛用されていた「案下炭（あんげずみ）」（白炭）の産地。その起源は古く、室町時代にはすでに刀鍛冶が良質の炭を求めて移り住んでいたという。

江戸時代に入ると、案下炭は、そのたしかな技術、量、質に支えられ、江戸の人々の生活になくてはならないものとなっていた。

昔は「炭やきの子は親の顔知らず」といわれていた。というのも、炭やきたちは窯が冷えないように、毎日朝四時ごろ出かけ、帰ってくるのは夜の九時。案下の白炭は、一日三俵やくのがやっとだったという。

火力が強く長もちし、叩けば「カチン」と金属音が響く。こうして案下炭は、旧案下村、旧醍醐村の人々の暮らしを支え続けてきた。しかし、隆盛を誇った案下炭も、ガス、電気、石油などに取って代わられ、四〇年前を境にほとんど使われなくなってしまった。

●恩方に再び窯の火がともる

そんな案下炭を再びよみがえらせようと、一九九八年二月、炭やき塾の有志一〇名と、八王子市醍醐・振宿（ふるやど）町会の尾崎忠雄さんが中心となって、案下窯を復活させた。

振宿町内にある窯跡に石を積み上げ、粘土質の土で固める昔ながらの工法で窯づくりに取り組み、二月十四日に幅一・三〜一・四m、奥行き一・七m、高さ一・三五mの窯が完成。その日のうちに火が入れられた。約五〇〇kgの炭材を入れ、一日がかりで窯を焚くと、五〇kg前後の白炭ができる。

尾崎さんたちは、これからもこの窯で週末ごとに炭やきを行い、ゆくゆくは地元の新しい特産品として販売したいと考えている。

案下窯の精煉

案下炭のかつての荷札

新しい特産品として期待される白炭

●炭は福祉・地域振興・教育の目玉

●開かれた施設の「太陽の炭」

近年、炭やきは市民グループ、行政、地域住民などによって教育・福祉の場に導入されたり、地域振興対策として行われたりしている。そのなかから四か所の取り組み例を紹介しよう。

東京の西に位置する日の出町（東京都西多摩郡）の知的障害者施設「太陽の家」では、一九九一年から里山環境を守る取り組みをしている市民団体「西多摩自然フォーラム」とタイアップして炭やきを行っている。

施設の裏山に設置したのは本格窯、ドラム缶窯、ミニ窯。まず、園生が中心になって炭材を集めたり加工したりしたあと、フォーラムのメンバーや体験ボランティアと一緒に火入れから火止めまでの一連の炭やきを実行している。

できた炭の一部は「太陽の炭」の名前でバザーなどで販売し、園生の厚生費の一部に充当されている。炭やきを通して施設を開かれた場にしたり、里山環境を守るための人の輪を広げる舞台にしたりして、大いに成果を上げている。

●炭俵は地域おこしの有望株

島根県境にほど近い中国山地に位置する君田（きみた）村特産振興会（広島県双三（ふたみ）郡）では、地域おこし活動の一環として、一九九二年から「炭焼き塾」をスタートさせている。

炭焼き塾の運営主体は村。神之瀬川のそばの斜面に「百貫窯」と呼ばれる本格窯と、その三分の一の大きさのミニ窯を設置。地元の畠原峰男さんなど農家の炭やきリーダーと、地域内外から集まった塾生二〇名が一緒になって、月一回の炭やきを実行。

できた炭をもとに炭焼きリーダー、塾生、都市住民参加のもと炭やき談議、炭やきパーティーなどを開催し、交流を深めている。

ここでつくる炭は、炭の脱臭効果に着目した女性陣が中心になって製品化した炭俵に入れて販売され、好評を得ている。炭俵はミニ炭俵（重さ三・五kg）と超ミニ炭俵（重さ一・五kg）の二種。室内や車内向けに脱臭効果のある飾り物として売り出されている。

●御花炭入りフラワーアレンジメント

神奈川県立中央農業高校の園芸科学科切り花専攻コースでは、五、六年前から御花炭（おはなずみ）（飾り炭）をやいている。和田薫教諭のもと炭やきを実行するのは、フラワーアレンジメントを学ぶ生徒たちである。

当初、生徒たちは文献を取り寄せたり、炭の専門家の話を聞いたりしてチャレンジ。試行錯誤の末、木の実や葉、枝、花、くだものなどを家庭用のホットプレートやリサイクル炭やき器を利用し、御花炭としてみごとにやき上げるのに成功。ガラス容器に入れたり、押し花、フラワーリースに生かしたりして、フラワーアレンジメントの新境地を切り開いている。

●「あずまダイアモンドサミット」の開催

群馬県勢多郡東村では一九九八年九月、第四九回全国植樹祭記念行事として〝木炭は地球を救う〟をスローガンにした「あずまダイアモンドサミット」を開催。

当日のハイライトは、ドラム缶窯三台、伏せやき（一か所）による炭やき実習。火入れ式や木炭・竹炭を取り出す炭出し式を繰り広げ、参加者の炭への関心を大いに呼び起こしたのである。

基調講演は、炭やきの会・木炭新用途協議会名誉会長の岸本定吉氏による「木炭・木酢液の活用法」、群馬大学名誉教授の大谷杉郎氏による「里山活性化について」。また、木酢液新製品発表会や草木染めの講習会、炭やき製品展示即売会、木炭・木酢液へのなんでも相談室なども行事のなかに組み込み、大いに成果を上げている。

ちなみに、恩方一村逸品研究所、西多摩自然フォーラム、多摩炭やきの会、国際炭やき協力会、炭やきの会も行事の協力団体として名を連ねたのである。

●有望な炭のインターネット通販

●炭の話題性、意外性をアピール

インターネットの利用人口は国内で一〇〇〇万人を超えた。それに伴い、炭の世界でもインターネットを使ったマーケティングや通販の取り組みが注目されている。数年前には数えるほどだった木炭関連のサイトも開設者は生産者、販売店などさまざまだが、趣向を凝らしたものがふえてきた。

炭の効用がテレビなどのマスコミで報道されているが、入手するのは不便なので、インターネットを使った通販は今後有望といえるだろう。

インターネット通販に炭が適している理由としては、一般には入手しにくい、商品に話題性や意外性がある、長もちすることなどである。また、インターネットを利用する人たちの「属性」として、基本的に好奇心が旺盛な人が多いので、炭を用いた新商品などにも興味を示す割合が高いことがあげられる。

インターネットでも一般の商品だと、商品の説明がわずかだが、炭の場合は、炭の効用やうんちく情報など、多岐にわたっている。また、商品についても、入浴用、自動車用、室内用、調湿用、調理用、飲料水用、冷蔵庫用、トイレ用などと用途別に商品づくりし、説明が詳しいものが多い。

これは燃料用としての先入観念がある炭にたいして、新たな用途を呼びかけているものだけに、納得して購入してもらおうという姿勢が情報の多さにつながっているようである。

インターネット通販ならではの用途として、パソコンの電磁波を吸収するはたらきをアピールするものもある。テレビの実験でも対象物との間に備長炭（びんちょうたん）を置くと電磁波が計測器に反応しなくなった、ということが報告されている。木炭シートを人肌に優しいシルクでおおったアイマスクなども「木炭ショップ三次（みよし）」（広島県三次市）から販売されている。その他、シックハウス症候群対策として床下に敷き詰める調湿材や顆粒活性炭を利用した腹巻きやひじあてなど健康医療分野に踏み込んだ取り組みも注目される。

●炭のインターネット通販の利点

インターネット通販は、規模の大小にかかわりなく、大都市に開店したのと同じような感覚で取り組めるのがメリットである。したがって、炭の専門店だけでなく、生産者でも意欲的なところではホームページを開設しているが、むしろ通販というよりも炭の情報提供のウエイトが高いようである。南部川村森林組合（和歌山県）のホームページ（http://www.dango.ne.jp/matsumot/）は備長炭に関する情報量が多く、炭やきの達人たちを写真とコメント入りで紹介するページなど多彩で、炭関連のサイトでは必見のページである。

また、組織は小さくとも、炭の情報量ではどこにも負けないホームページを作成しているところもある。兵庫県養父郡大屋町の「ふるや自然村の会」（http://member.nifty.ne.jp/yamayama/）である。大屋町にかつてあった古屋村の住人は炭やきや農業で生計を立てていたが、需要が減るにつれて村を去り、一九七二年には廃村になった。しかし、近隣や京阪神に移り住んだ人たちの有志が、昔の「ふるやの生活」を懐かしみ、炭やきやコンニャク、そばづくりだけでも復活させたいと願い、会をつくったのだそうだ。

八十二歳の元炭やき職人を中心に五人が木炭や木酢液づくりに精を出しているが、炭やきを楽しんでいる風情がホームページからも伝わってくる。

活動のねらいとして、「多量生産や利潤追求ではありません。しかし、高い品質の木炭・木酢液をつくることに妥協しません。そのこだわりも私たちの楽しみです。お支払いは、原木費、燃料費等の炭やきのための最小限の経費だけをいただいています」と書かれている。

消費者と交流するページでは、アトピーや水虫に悩む人が実際に木酢液を使ってみて、効果があった事例などが紹介され、新商品開発にも役立ちそうな提案もあり、今後の展開が期待される。

●炭を使用するときの用途別注意点

●使用上の表示マニュアルが完成

社団法人全国燃料協会は日本木炭新用途協議会と合同で、学識経験者、木炭生産・流通業界などで構成する流通合理化推進会議、安全性確保調査検討委員会を設け、一九九八年三月、木炭の安全性確保システムと表示マニュアルを作成した。

これは木炭を燃料用、および新用途用として区分し、用途別に「使用上の注意点」を示したもの。木炭取扱店はもとより、一般利用者にも大いに参考になるので、用途別に紹介しておこう。

1 燃料用

①木炭は燃焼すると、一酸化炭素などのガスが発生するので、室内で使用する場合は一時間に二〜三回程度換気をすること。

②着火した木炭から火花が飛んだり、木炭がはじけとぶことがあるので、顔や衣類にあまり近づけず、紙やプラスチックなどの可燃物は火から離すこと。また、十分に火がおきてから使用する。なお、木炭を継ぎ足すときは、火元の近くで十分に温めてからにする。

③使用後は完全に消火する。

④燃料以外の用途に使用するときは、販売店に使用法を相談すること。

2 飲料水用

①飲料水用を対象として、備長炭のようにかたい木炭で製造されている(食べられない)。

②幼児の手の届かない所に保管する。

③使用する前によく水洗いし、煮沸してから使用する。

④水洗いの際には絶対洗剤などを使用しない(木炭には物質を吸収する性質があるため)。

⑤木炭で浄水した水は二日以内に使い切る(木炭には殺菌作用はない)。

⑥木炭は繰り返し使用できるが、七日以内に❸の処理を行い、四回を目安として取り替えること。

⑦水一ℓに対して直径二〜三cm、長さ八cm程度または五〇g程度を目安とする。

⑧他の用途に使用した木炭を飲料用には使用しない。
⑨木炭を入れた水はアルカリ性となる。身体に不調を感じたときは飲用を中止し、医師の指示に従うこと。

3 炊飯用

①炊飯用を対象として、備長炭のようにかたい木炭で製造されている（食べられない）。
②幼児の手の届かない所に保管する。
③使用する前によく水洗いし、煮沸してから使用する。
④水洗いの際には絶対洗剤などを使用しない（木炭には物質を吸収する性質があるため）。
⑤使用回数は三〇回程度を目安とし、使用のつど水洗いをする。
⑥米三合（三カップ）に対して直径二～三㎝、長さ八㎝程度、または五〇g程度を目安とする。
⑦ほかの用途に使用した木炭を炊飯用には使用しない。

4 風呂用

①風呂用を対象として、備長炭のようにかたい木炭で製造されている（食べられない）。
②使用する前に水洗いすること。
③入浴剤と併用しない。
④給湯式の場合は湯を入れ始めたときから、沸かし湯の場合は水のときから浴槽に入れて使用する。
⑤風呂用木炭は繰り返し使用できるが、三～四回を目安によく水洗いし、陰干しし、二か月を目安に取り替えること。
⑥一般家庭で使われる風呂では、木炭一㎏を目安とする。
⑦皮膚や体質に異常のある場合は、医師に相談して使用する。
⑧木炭で直接皮膚をこすらない。
⑨使用ずみの木炭は炊飯・飲料水用などに使用しないこと。
⑩不明な点は、メーカーまたは販売店に相談する。

5 水処理用

①水処理用木炭は、河川、湖沼、池、その他（家庭用排水、魚介類の養殖場、農畜産業排水、産業排水など）を浄化する。
②汚濁の大きい原水には、沈殿・濾過などの前処理工程が必要である。

③水処理用木炭の効果は、主に微生物の分解作用によるので、水の流量・流速などに十分注意する。

④木炭による水処理は、主に好気性微生物の活動によるものなので、水中の酸素が不足しないように、ばっ気を必要とする場合がある。

⑤微生物の活動は、一般に水温一五℃以下では不活発になるので、寒冷地での使用には注意する。

⑥水処理による汚泥が処理施設内に残留するおそれがある場合には、逆洗・汚泥の引き抜きなどの装置を必要とする場合がある。

⑦飲料水、風呂、炊飯、調理などには使用しない。

⑧このほか詳細は、木炭の供給者に相談する。

6 土壌改良資材用

①土壌改良資材用木炭は、土壌改良を目的として製造されている（食べられない）。

②幼児の手の届かない所に保管する。

③土壌改良資材用木炭は、施用時に飛散し、他のものに付着することがある。

④作目の種類により、施用量を適度に増減する。

⑤埴質土壌、酸性土壌、アルカリ性土壌など、土壌の種類によって施用量を適度に増減すること。

⑥播種、植えつけするときは、木炭を土壌に散布（混合）後、灌水または降雨のあとに行うこと。

⑦土壌改良資材用木炭は、地表面に露出すると風雨などにより流出することがあり、また、土壌中に層を形成すると効果が認められないことがあるので、十分土と混和すること。

⑧土壌改良資材用以外に使用する場合は、メーカー、または販売店に相談すること。

7 住宅床下調湿用

①住宅床下調湿を目的として製造されている（食べられない）。

②幼児の手の届かない所に保管する。

③施工する前には床下の清掃を十分に行うこと。

④施工時、木炭の微粉が漏れるおそれがあるので、汚れに注意する。

⑤施工時、木炭と金属管を接触させないように注意する。

⑥床下換気口を閉鎖しない。

⑦一階床下に施工する場合は、上部に二〇cm以上の空間を設ける。

⑧住宅の立地条件、土質条件などによっては、その

効果が期待できない場合があるので、施工に関してはメーカーまたは販売店に相談する。

8 鮮度保持用(青果物・果実・花卉)

①鮮度保持を目的として製造されている(食べられない)。

②吸着性・吸臭性が強いので、保管する場合はポリエチレンなど通気性の少ない袋に入れる。

③ストーブなど火気・熱源の近くに置かない。

④包装が破損すると、木炭の粉が外部に漏れ黒く汚れるので、強い衝撃を避け乱暴に取り扱わない。

⑤鮮度保持用木炭には脱臭効果があるので、かおりを重要視する場合は注意すること。

⑥使用ずみの木炭は、飲料水・風呂・炊飯用などに使用しない。

⑦鮮度保持用(青果物・果実・花卉)以外に使用する場合は、メーカーまたは販売店に相談する。

9 消臭用

①消臭を目的として製造されている(食べられない)。

②吸湿性・吸臭性が強いので、保管する場合はポリエチレンなど通気性の少ない袋に入れる。

③ストーブなど火気・熱源の近くに置かない。

④包装が破損すると、木炭の粉が外部に漏れ黒く汚れるので、強い衝撃を避け乱暴に取り扱わない。

⑤使用ずみの木炭は、飲料水・風呂・炊飯用などに使用しない。

⑥消臭用以外に使用する場合は、メーカーまたは販売店に相談する。

10 木炭を使用した寝具

①製品に使用されている木炭は、寝具用を対象としている(食べられない)。

②ストーブなど火気・熱源の近くに置かない。

③吸湿性が強いので、湿気の少ない所に保管する。

④月に三~四回は直射日光を避け陰干しをする。

⑤木炭の入った袋(枕)ごと、または木炭マットの丸洗いは絶対避ける。

⑥破損すると木炭の粉が外部に漏れ、黒く汚れるので、強い衝撃を避け、乱暴に取り扱わない。

⑦使用ずみの木炭は、炊飯・飲料水・風呂用などに使用しない。

⑧不明な店があるときは、メーカーまたは販売店に相談する。

●三太郎小屋が炭やきの発信拠点

●恩方に三太郎小屋を設置

かつて炭やきの村としてその名を江戸に轟かせた東京都八王子市の恩方地域は、林業と炭やきの村であると同時に、養蚕の村でもあった。ここに「昔ながらの養蚕農家を復活させたい」というのが、恩方一村逸品研究所のもう一つの願いでもあった。

八王子市の郷土資料館で発見された養蚕農家の間取り図をもとに、その復元にとりかかった。こうして二〇〇二年秋、かつての養蚕農家のつくりと面影を残す建物「養蚕農家・炭焼三太郎（通称、三太郎小屋）」が完成した。

当地は、江戸時代には「案下炭（あんげずみ）」と呼ばれる日窯（ひがま）（一度に二～三俵やく小型の白炭窯）による白炭の産地としても栄えていた。

当時、「炭焼三太郎」という炭商人が、炭で財をなし、吉原で豪遊したというエピソードが、戯作本に残されている。建物の「養蚕農家・炭焼三太郎」（通称、三太郎小屋）という呼び名には、三太郎の名前にあやかり、ぜひとも炭やきを復活させたいとの願いを込めている。

●炭&炭やきの発信拠点として

建坪六六㎡×二階建て。柱には恩方で伐採されたヒノキを使用しており、床下には二tもの炭を敷き詰めている。これは「炭やき塾」の仲間たちが、恩方一村逸品研究所の窯でやいたもの。トラックで運び込み、床下に床下調湿用としてぎっしりと敷き詰めた。

竹炭の部屋の壁面には、ガラス張りの展示コーナーあり、さまざまな形の竹炭が、まるで絵画を描くようにオブジェとして飾られている。

一階は、薪ストーブのある談話室。各地から炭やきの仲間たちが集まり、炭やき談義に花が咲く。大きな木炭が飾られているが、時には子ども

旧道沿いの三太郎小屋。炭やきの発信拠点

たちを集めて炭やきのイベントを開いたり、窓辺はギャラリーの展示スペースにもなる。ふだんは巨木の切り株をそのまま炭化させたものを飾っていて、二階は講習室と山や炭に関する書籍などが並ぶ資料室になっている。

春先には、二階建ての木造の小屋に、古い梅の木が満開の花を咲かせて美しい。炭やき仲間による炭&炭やきの発信拠点として、有意義な活動を繰り広げる場である。もちろん、恩方に集う炭やきメンバーの憩いと安らぎの場にもなる。

床下に調湿用の炭を敷き詰める

イベントの場にもなる談話室

●竹炭の家プロジェクトの推進

を除去し、電磁波遮断効果も高い。

約二〇年余りもの間、恩方で炭やきに取り組みつつ仲間を増やし、各地に炭やきムーブメントを巻き起こすなかで、恩方一村逸品研究所では炭やき仲間とともに竹炭のもつさまざまな効果、効用を実感してきた。もともと竹炭には木炭と同じく、つぎのような性質がある。

①多孔質である
②吸着性が強い
③アルカリ性である
④ミネラルを含む

これらの性質を利用して、炭は炊飯や飲料水の浄化、消臭用、風呂用、寝具用、インテリア用、室内の空気浄化、食品の鮮度保持等、生活のなかで効果を発揮して、親しまれてきた。

竹炭は木炭に比べ吸着力が高く、金属イオン、マグネシウム、カルシウムが豊富。その効果を丸

●竹炭の効果と性質に着目

竹炭は竹・笹などを炭材として炭化させた炭の総称。第一章でも述べたがモウソウチク、マダケ、ハチク、ネマガリダケなどが原料。竹炭にも木炭同様に黒炭と白炭などがある。

竹炭には①調湿機能が大きい、②脱臭性が高い、③土壌の通気性、透水性を改善する、④水中にミネラル分が溶出するなどの効果が認められているほか、高温で炭化したものには、遠赤外線効果、マイナスイオン効果等も見られる。

竹炭は木炭よりもカリウム・珪素が多いが、カルシウムは少ない。木炭は炭化温度が高いほど、pHが高くなり、弱酸性からアルカリ性に移行するのに対し、竹炭は低い炭化温度（四〇〇℃）でもアルカリ性を示し、酸性土壌の中和剤として有効である。

調湿効果や消臭効果、さらに空気中の有害物質

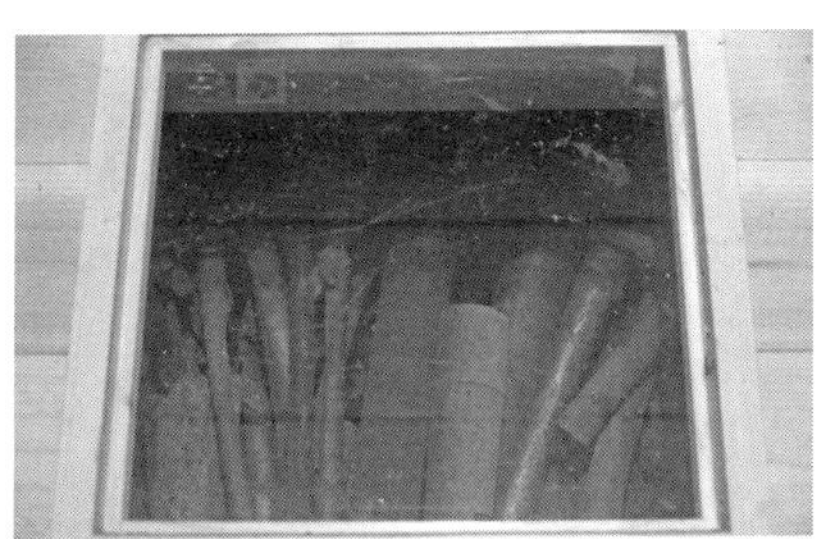
床下に竹炭を敷き詰める（醍醐山房）

竹を割って結束、乾燥

割り竹（モウソウチク）の竹炭

クマザサの枝条炭

ごと住まいに活かした「竹炭の家」のプロジェクトをスタートさせたい……いつしかそう考えるようになった。

●醍醐山房が竹炭の家に

その第一弾は、「炭やき塾」の拠点にほど近い上恩方の山道沿いに建っている「醍醐山房」。もともと研究所の「隠れ家」的な場所だったのだが、床下に炭やき仲間たちとやいた調湿用の竹炭を敷き詰め、床に厚手のガラスをはめ込んで竹炭の価値、効用を知らしめるようにしている。湿気のない浄化された空間で、快適に過ごす。また、アレルギーやシックハウスに悩まされることなく、健康に暮らせる……そんな住環境をめざしている。

さらに、この家の屋根には一〇〇Wのソーラーパネルを二台設置。室外灯と屋内の電灯の灯りにつながっている。電力会社に頼らず、エネルギーは自給する。設置に要した金額は、必要機器と工事費を合わせて約一〇万円。「竹炭の家」としてのエコロジープランに取り組んでいる。

ブナの黒炭（青森県産）

ウバメガシの白炭（紀州備長炭）

企画協力――高橋哲夫・山縣久高・須田二郎（多摩炭やきの会）
尾崎忠雄（恩方一村逸品研究所、林業）
伊藤 了（伊藤了工務店）　中島浩司（炭幸舎）
川口武文・浅井啓吉・重盛光明・三森克人・嶋田寛元
（恩方一村逸品研究所＆DAIGOエコロジー村）
取材・写真協力――三宅 岳、大塚雅春、野村 淳、正司和久、萩田 實
秋田市役所企画調整課、西木村役場企画調整課
朝日新聞社大田通信局、松井忠博（松井工業）
日本竹炭竹酢液生産者協議会、炭やきの会　ほか
組版協力――天龍社

編者プロフィール

●**恩方一村逸品研究所**（代表・炭焼三太郎こと尾崎正道）

1997年、地域の活性化をはかることを目的として創設。東京都八王子市上恩方の醍醐地区に黒炭窯、ドラム缶窯、林試式移動窯、伏せやき窯などを設置。都市住民などを対象に炭やき塾などを開催し、炭やきの知識と技術の普及をはかっている。また、江戸期に地元で活躍した炭焼三太郎にあやかり「養蚕農家・炭焼三太郎」（通称、三太郎小屋）を設立し、炭やき仲間の拠点として新たな活動を繰り広げている。炭やき塾の開催、炭やきの出張指導、研究所内の湧き水を利用した地酒「醍醐丸」や「炭やき塾の炭」開発、恩方地区の民話の発掘と採集などにも取り組み、炭と炭やきの価値、有用性を発信し続けている。

恩方一村逸品研究所　〒192-0156 東京都八王子市上恩方町2885　醍醐山房
TEL & FAX 0426(36)8450

監修者プロフィール

●**杉浦銀治**（すぎうら　ぎんじ）

愛知県生まれ。農林省林業試験場木材炭化研究室長、炭やきの会副会長、国際炭やき協力会理事、多摩炭やきの会「炭やき塾」名誉塾長などを歴任

●**広若 剛**（ひろわか　つよし）

宮崎県生まれ。国際炭やき協力会事務局長、多摩炭やきの会「炭やき塾」塾長などを務める

●**高橋泰子**（たかはし　やすこ）

宮城県生まれ。緑と水の連絡会議（島根県）代表などを務める

監修協力者プロフィール

●**岸本定吉**（きしもと　さだきち）

埼玉県生まれ。東京教育大学教授、国際炭やき協力会会長、炭やきの会および日本木炭新用途協議会の会長、名誉会長などを歴任

炭（すみ）やき教本（きょうほん）～簡単窯（かんたんがま）から本格窯（ほんかくがま）まで～

2019年1月18日　第1刷発行
2022年4月25日　第2刷発行

編　　者――恩方一村逸品研究所（おんがたいっそんいっぴんけんきゅうじょ）
発 行 者――相場博也
発 行 所――株式会社 創森社
〒162-0805 東京都新宿区矢来町96-4
TEL 03-5228-2270　FAX 03-5228-2410
http://www.soshinsha-pub.com
振替 00160-7-770406
印刷製本――中央精版印刷株式会社

落丁・乱丁はおとりかえすます。定価は表紙カバーに表示してあります。
本書の一部あるいは全部を無断で複写、複製することは、法律で定められた場合を除き、著作権および出版社の権利の侵害となります。
©Ongata Isson Ippin Kenkyujo 2019 Printed in Japan ISBN978-4-88340-331-8 C0061

〝食・農・環境・社会一般〟の本

創森社 〒162-0805 東京都新宿区矢来町96-4
TEL 03-5228-2270 FAX 03-5228-2410
http://www.soshinsha-pub.com
＊表示の本体価格に消費税が加わります

農福一体のソーシャルファーム
新井利昌 著　Ａ５判１６０頁１８００円

西川綾子の花ぐらし
西川綾子 著　四六判２３６頁１４００円

解読 花壇綱目
青木宏一郎 著　Ａ５判１３２頁２２００円

ブルーベリー栽培事典
玉田孝人 著　Ａ５判３８４頁２８００円

育てて楽しむ スモモ 栽培・利用加工
新谷勝広 著　Ａ５判１００頁１４００円

育てて楽しむ キウイフルーツ
村上 覚 ほか 著　Ａ５判１３２頁１５００円

ブドウ品種総図鑑
植原宣紘 編著　Ａ５判２１６頁２８００円

育てて楽しむ レモン 栽培・利用加工
大坪孝之 監修　Ａ５判１０６頁１４００円

未来を耕す農的社会
蔦谷栄一 著　Ａ５判２８０頁１８００円

農の生け花とともに
小宮満子 著　Ａ５判８４頁１４００円

育てて楽しむ サクランボ 栽培・利用加工
富田 晃 著　Ａ５判１００頁１４００円

炭やき教本～簡単窯から本格窯まで～
恩方一村逸品研究所 編　Ａ５判１７６頁２０００円

九十歳 野菜技術士の軌跡と残照
板木利隆 著　四六判２９２頁１８００円

エコロジー炭暮らし術
炭文化研究所 編　Ａ５判１４４頁１６００円

図解 巣箱のつくり方かけ方
飯田知彦 著　Ａ５判１１２頁１４００円

とっておき手づくり果実酒
大和富美子 著　Ａ５判１３２頁１３００円

分かち合う農業ＣＳＡ
波夛野 豪・唐崎卓也 編著　Ａ５判２８０頁２２００円

虫への祈り―虫塚・社寺巡礼
柏田雄三 著　四六判３０８頁２０００円

新しい小農～その歩み・営み・強み～
小農学会 編著　Ａ５判１８８頁２０００円

とっておき手づくりジャム
池宮理久 著　Ａ５判１１６頁１３００円

無塩の養生食
境野米子 著　Ａ５判１２０頁１３００円

図解 よくわかるナシ栽培
川瀬信三 著　Ａ５判１８４頁２０００円

鉢で育てるブルーベリー
玉田孝人 著　Ａ５判１１４頁１３００円

日本ワインの夜明け～葡萄酒造りを拓く～
仲田道弘 著　Ａ５判２３２頁２２００円

自然農を生きる
沖津一陽 著　Ａ５判２４８頁２０００円

シャインマスカットの栽培技術
山田昌彦 編　Ａ５判２２６頁２５００円

農の同時代史
岸 康彦 著　四六判２５６頁２０００円

ブドウ樹の生理と剪定方法
シカバック 著　Ｂ５判１１２頁２６００円

食料・農業の深層と針路
鈴木宣弘 著　Ａ５判１８４頁１８００円

医・食・農は微生物が支える
幕内秀夫・姫野祐子 著　Ａ５判１６４頁１６００円

農の明日へ
山下惣一 著　四六判２６６頁１６００円

ブドウの鉢植え栽培
大森直樹 編　Ａ５判１００頁１４００円

食と農のつれづれ草
岸 康彦 著　四六判２８４頁１８００円

半農半Ｘ～これまで・これから～
塩見直紀 ほか 編　Ａ５判２８８頁２２００円

醸造用ブドウ栽培の手引き
日本ブドウ・ワイン学会 監修　Ａ５判２０６頁２４００円